计算机应用基础实验实训及考试指导

总主审　胡学钢

总主编　郑尚志

主　编　郑尚志

副主编　（以姓氏笔画为序）

王　勇　李德杰　黄存东

疏志年　童晓红

参　编　徐　勇　沈志兴　姜　飞

北京师范大学出版集团
BEIJING NORMAL UNIVERSITY PUBLISHING GROUP
安徽大学出版社

图书在版编目(CIP)数据

计算机应用基础实验实训及考试指导/郑尚志主编. —合肥:安徽大学出版社,2015.8(2016.8重印)

计算机应用能力体系培养系列教材

ISBN 978-7-5664-0942-3

Ⅰ. ①计… Ⅱ. ①郑… Ⅲ. ①电子计算机－高等学校－教材 Ⅳ. ①TP3

中国版本图书馆CIP数据核字(2015)第209943号

计算机应用基础实验实训及考试指导

郑尚志 主 编

出版发行: 北京师范大学出版集团
安 徽 大 学 出 版 社
(安徽省合肥市肥西路3号 邮编230039)
www.bnupg.com.cn
www.ahupress.com.cn

印　　刷: 安徽省人民印刷有限公司
经　　销: 全国新华书店
开　　本: 184mm×260mm
印　　张: 8.75
字　　数: 213千字
版　　次: 2015年8月第1版
印　　次: 2016年8月第3次印刷
定　　价: 18.00元
ISBN 978-7-5664-0942-3

策划编辑: 李 梅 蒋 芳
责任编辑: 蒋 芳
责任校对: 程中业
装帧设计: 李 军 金伶智
美术编辑: 李 军
责任印制: 赵明炎

编写说明

近年来，随着计算机与信息技术的飞速发展，社会及用人单位对高等学校学生的计算机应用能力的要求不断提高，为此，各高等学校高度重视计算机基础教学的质量，也高度重视全国高等学校（安徽考区）计算机水平考试。安徽省教育厅大力推进安徽省计算机基础教学改革与计算机水平考试改革，2014年11月组织专家对2005年版《全国高等学校（安徽考区）计算机水平考试教学（考试）大纲》进行了重新编写，并于2015年2月发布，新编写的大纲从2015年下半年开始启用。

为配合《全国高等学校（安徽考区）计算机水平考试教学（考试）大纲》的实施，促进安徽省高等学校计算机基础教学与考试的改革，2014年，安徽省高等学校计算机教育研究会召开专题研讨会，成立了安徽省计算机基础教学课程组（共8个）。课程组由一批长期从事高等学校计算机基础教学的专家、教师组成，以推进安徽省计算机基础教学的发展与改革。2015年5月，安徽省高等学校计算机教育研究会召开课程组专门会议，研讨我省计算机基础教学改革，并决定与安徽大学出版社合作，组织编写出版一套与《全国高等学校（安徽考区）计算机水平考试教学（考试）大纲》配套的具有较高水平、较高质量的教材。课程组成立了本套系列教材编写委员会，安徽省高等学校计算机教育研究会理事长胡学钢教授担任总主审，安徽省高等学校计算机教育研究会基础教学专委会副主任郑尚志教授担任总主编，本套系列教材定于2015年陆续出版，敬请各位同仁关注。

本套系列教材的编写主要是根据目前安徽省高等学校计算机基础教学的现状，本着“出新品、出精品、高质量”的原则，努力打造适合安徽省计算机基础教学的高质量教材，为进一步提高安徽省计算机基础教学水平做出贡献。

郑尚志

2015年8月

编委会名单

前　言

“计算机应用基础”是高等学校开设最为普遍、受益面最广的一门计算机基础课程。学生通过本课程的学习，能够深入了解计算机基础知识，熟练掌握计算机的基本操作，了解网络、多媒体技术等计算机应用方面的知识和相关技术，具有良好的信息收集、信息处理、信息呈现的能力。本课程也是为后续课程和专业学习奠定坚实的计算机技能基础。

本书共分两大部分。第1部分为实验实训，共分7章，主要实训包括计算机基础知识、Windows 7操作系统、文字处理软件Word 2010、电子表格处理软件Excel 2010、演示文稿软件PowerPoint 2010、计算机网络、信息（数据）安全；第2部分为考试指导，给出了3套模拟试卷，并附有答案。附录为最新的“全国高等学校（安徽考区）计算机水平考试《计算机应用基础》教学（考试）大纲”。本书结构紧凑，操作性和针对性强，非常适合作为高等学校学生学习和参加全国高等学校（安徽考区）计算机水平一级考试的教材。

本书主要特点如下：

1. 针对性强。本书由安徽省计算机基础教学“计算机应用基础”课程组编写，成员都是有多年计算机应用基础课教学经验的专家、老师，内容紧紧围绕着最新的“全国高等学校（安徽考区）计算机水平考试《计算机应用基础》教学（考试）大纲”，针对性强。

2. 内容新颖。本书的实训以Windows 7和Office 2010为版本进行讲解，并纳入了最新的信息技术。

3. 内容全面。本书中的实训由编者经过认真精选，内容由浅入深，知识点涵盖全面，可操作性强。

本书由郑尚志拟定全书框架并担任主编，王勇、李德杰、黄存东、疏志年、童晓红担任副主编，主审为胡学钢，徐勇、沈志兴、姜飞也参与了本书的编写。

在本书的编写过程中，安徽省教育厅等有关部门给予了大量的指导和支持，省内许多高校的同仁提出了很多好的编写建议，在此一并表示感谢。

由于编者水平有限，书中不足之处，恳请读者批评指正。

安徽省计算机基础教学“计算机应用基础”课程组

2015年8月

前　言

目　录

第 1 部分　实验实训

第1部分

实验实训

第1章 计算机基础知识

实训1 认识计算机

实训目标

1. 了解计算机的基本组成。
2. 掌握相关的简单操作。

实训内容

1. 认识硬件。
2. 开机及认识桌面。
3. 鼠标的操作。

实训步骤

操作1 认识硬件

①熟悉台式计算机的基本组成，如图1-1所示。

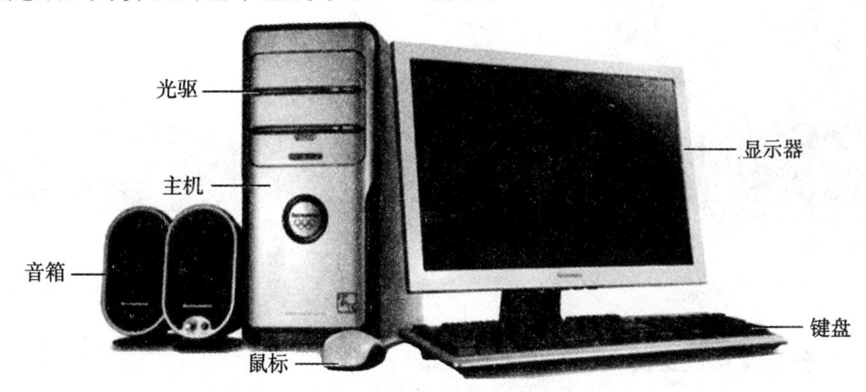

图1-1 台式计算机的组成

②笔记本及其接口，如图 1-2 所示。

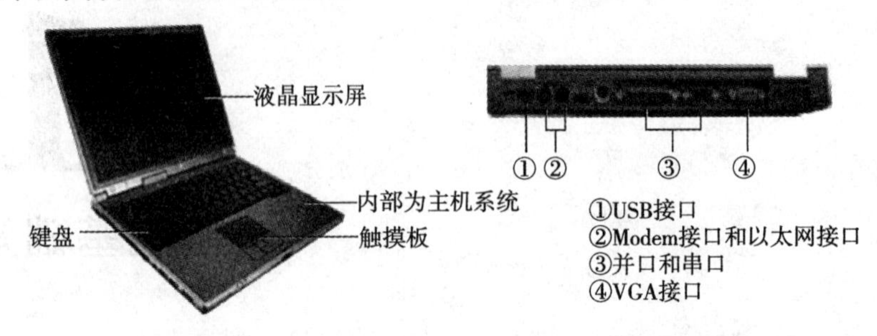

图 1-2　笔记本及其接口

③主机结构，如图 1-3 所示为一台式计算机主机拆开侧盖后所呈现的机箱内部结构图。

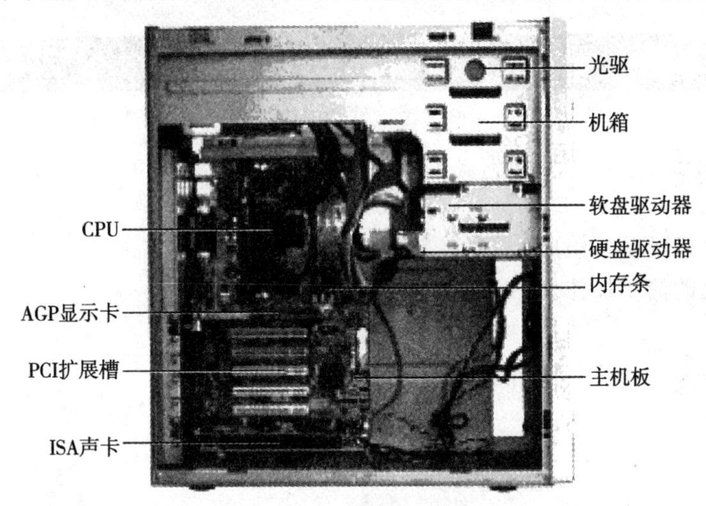

图 1-3　机箱内部结构

④硬盘，图 1-4 为常见的计算机硬盘。

⑤闪存，又称 U 盘，如图 1-5 所示。

⑥光驱，图 1-6 所示为一款普通光驱的外观图。

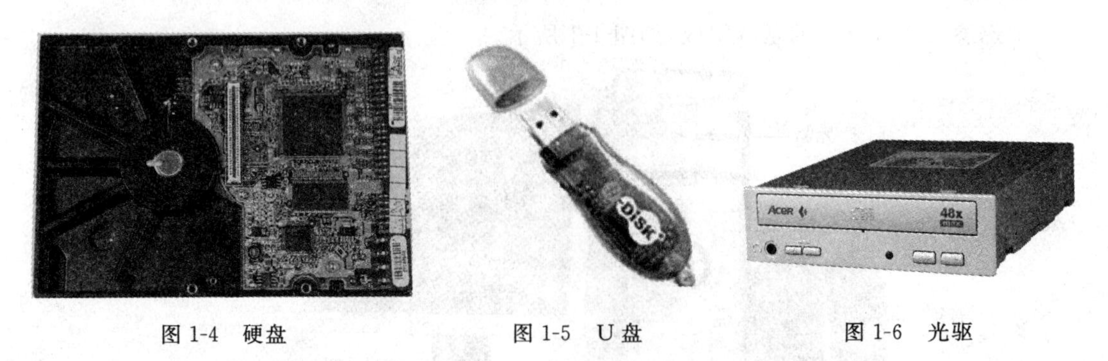

图 1-4　硬盘　　　图 1-5　U 盘　　　图 1-6　光驱

操作 2　开机及认识桌面

按下计算机机箱面板上的电源按钮，计算机便自动开始启动，经过一段时间（不同机器启动时间不同），出现如图 1-7 所示的“系统桌面”，系统便启动成功。

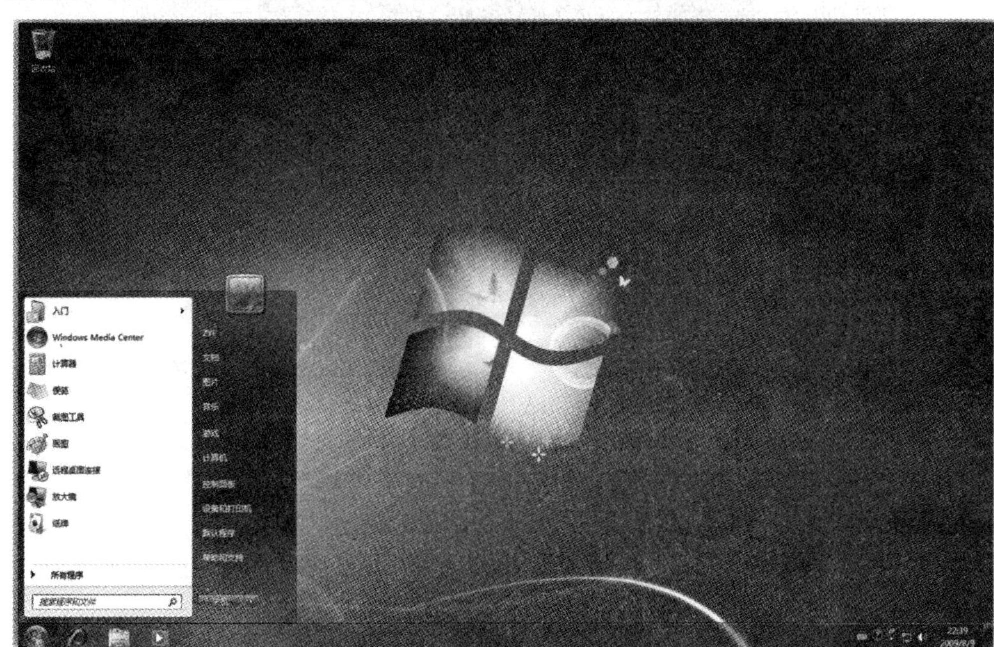

图 1-7 Windows 7 系统桌面

不同的计算机的系统桌面由于硬件配置、系统设置的不同而有所不同，但桌面的总体布局基本一致，即都由桌面背景、快捷图标、任务栏三大部分组成。在桌面上排列的小图标即为“快捷图标”，桌面的下方灰色的一行是“任务栏”，如图 1-8 所示，任务栏中包括“开始”菜单按钮、“快速启动”区、“显示桌面”按钮、语言栏、通知区域等。

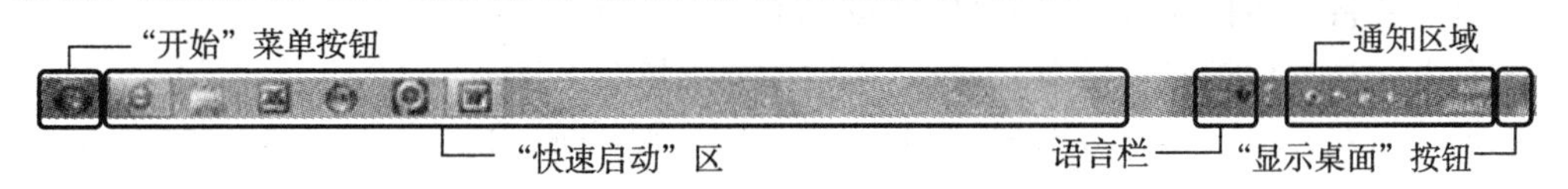

图 1-8 任务栏

单击“开始”菜单按钮，移动鼠标至“程序”项上，系统自动弹出“程序”菜单的下一级菜单，即“级联菜单”，将鼠标沿“程序”菜单向右平行移动，即可定位到“级联菜单”上，此时即可沿此“级联菜单”上下移动鼠标，选择所需的菜单项，这一级菜单项中还可能有下一级“级联菜单”，图 1-9 所示为将鼠标定位到“附件”菜单上所呈现的效果。

为进一步学习计算机操作技能，除以上基本概念外，同学们可以试着在系统中找出如图 1-10 所示的组件，掌握具体功能及操作方法。

图 1-9 Windows 7“开始”菜单

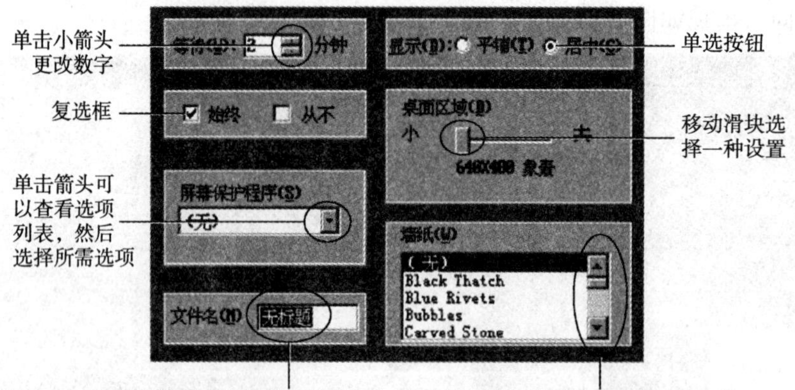

图 1-10 Windows 7 系统中常见的基本组件

操作 3 鼠标的操作

按与计算机的连接方式，鼠标分为串口、PS/2 口和 USB 接口三类，图 1-11 为常见的三种接口类型的鼠标。

图 1-11 串口、PS/2 口和 USB 接口鼠标

鼠标基本操作：

- 指向：移动鼠标，将鼠标指针移到屏幕的一个特定位置或指定对象。
- 单击：(将鼠标指向目标对象)快速按一下鼠标左键。
- 双击：(将鼠标指向目标对象)快速连续按两下鼠标左键。
- 拖动：(鼠标指向目标对象后)按下鼠标左键不放，并移动。
- 右击：(将鼠标指向目标对象)快速按一下鼠标右键。

用户可以在 Windows 7 自带的游戏中练习鼠标的基本操作技能。

实训 2 指法练习

实训目标

1. 掌握键盘的使用方法。
2. 通过盲打熟练地进行中英文输入法操作。

实训内容

1. 认识键盘，并掌握指法的正确操作。

2. 英文打字练习。

3. 汉字打字练习。

实训步骤

操作1　键盘的认识及指法的正确操作

(1)键盘及分区

常用的键盘为标准键盘，图1-12为标准键盘的分区示意图。从图中可以看出键盘通常包括功能键盘区、标准字符键区、特殊键区、编辑键区及小键盘区等。

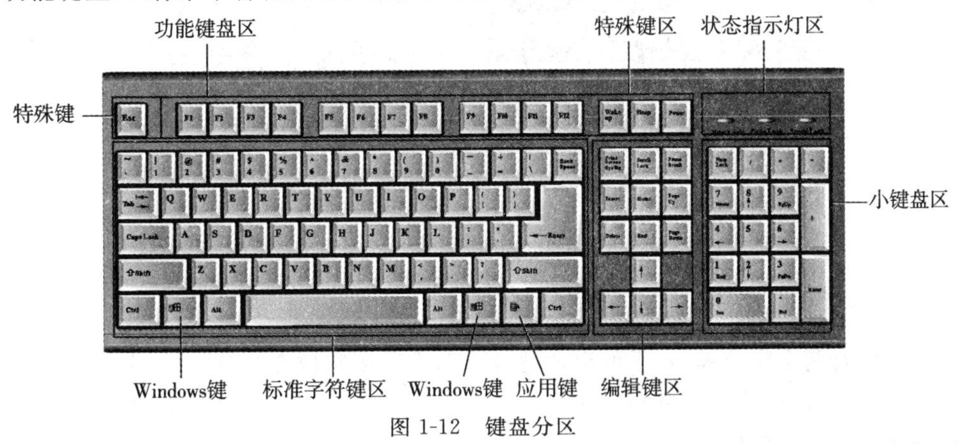

图1-12　键盘分区

(2)打字的姿势

键盘操作是计算机操作人员所必备的基本操作技能，尤其是通过键盘进行快速文字录入的技能，要熟练进行文字录入，必须姿势正确，正确的打字姿势如图1-13所示。

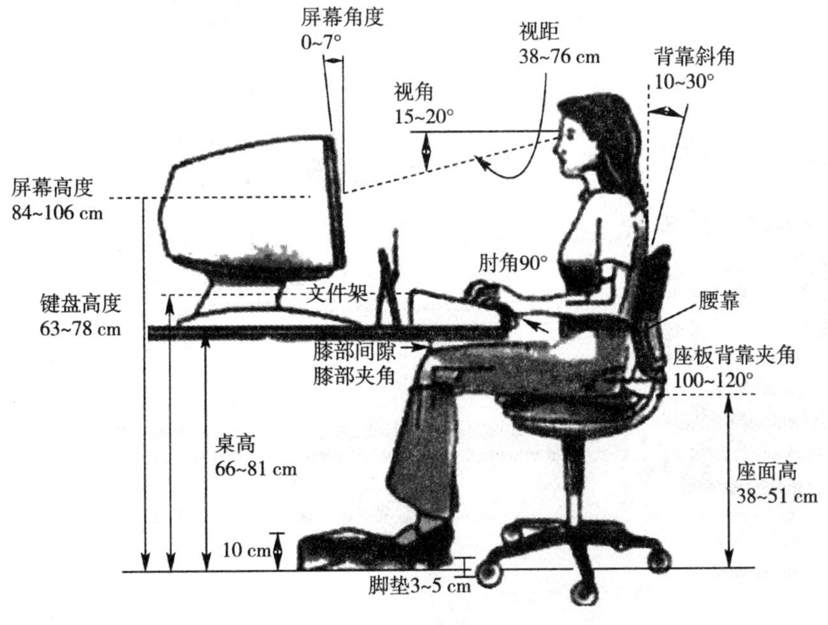

图1-13　正确的打字姿势

(3)键盘指法的正确把握

快速录入文字的前提是学会“盲打”,即用户首先要记住键盘上每一个按键所在位置,在此基础上,再合理地安排左右手的指法分工,在不看键盘的条件下,通过记忆完成文字的录入,打字时左右手分工必须明确,科学的指法分工如图 1-14 所示。对于键盘上的字母键,左右手的食指各负责两列,其余手指则各负责一列,小拇指还负责一部分控制键的操作。

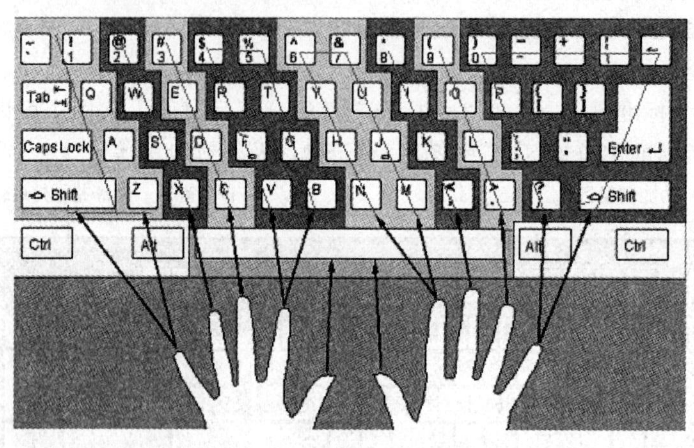

图 1-14　指法分工示意图

在键盘上有两个定位键:左手的定位键为“F”,右手则定位在“J”键上。定位键不同于其他键的地方在于:定位按键上分别有两个“一”字形的凸起,便于盲打时左右手食指的定位。

操作 2　英文打字练习

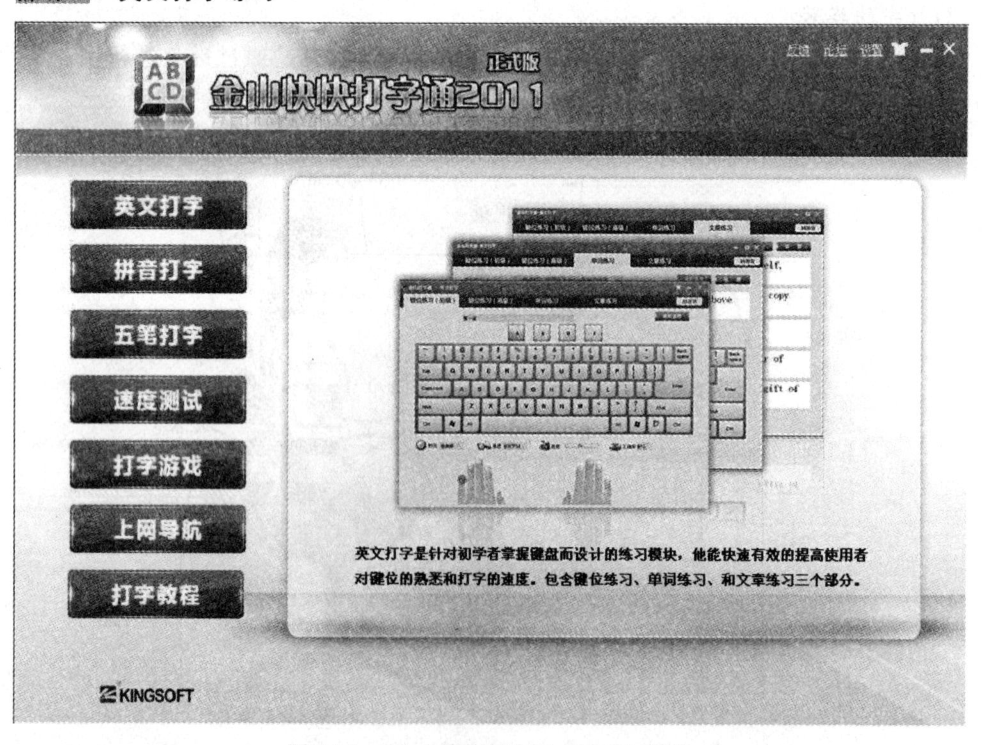

图 1-15　“金山快快打字通 2011”主界面

用于指法练习的软件很多，常用的是“金山快快打字通 2011”软件，该软件不仅可进行英文指法练习，而且可以进行多种汉字输入法(五笔输入法、拼音输入法)的打字训练，且能够实时统计打字速度。“金山快快打字通 2011”软件界面如图 1-15 所示，由界面可知，金山打字包括了“英文打字”、“拼音打字”、“五笔打字”、“速度测试”、“打字游戏”等功能。此外，系统还提供了软件使用的帮助说明：“打字教程”，让用户更方便地进行打字练习，这款软件也正是由于其完善的功能而受到普遍欢迎的。

使用步骤如下：

①双击桌面上的“金山快快打字通 2011”图标，启动软件，弹出如图 1-15 所示的界面。

②在主界面可单击“英文打字”，出现如图 1-16 所示的窗口。其中包括键位练习(初级)、键位练习(高级)、单词练习、文章练习选项卡，用户可根据需要选择练习方式。如果想结束练习，则可单击“回首页”按钮。

图 1-16 “英文打字”中键位练习

操作3 汉字打字练习

汉字输入最常用的是“五笔字型”和“拼音输入”两种方法，这里只简单介绍拼音输入。金山打字提供了这两种输入法的练习，在金山打字界面上选取相应的输入法按钮即可实现所需的输入法训练。

拼音练习包括音节练习、词汇练习及文章练习三种练习方式，用户可根据需要选择其中一种方式进行练习，具体方法如下：

①音节练习。在图 1-15 所示的打字主界面上单击“拼音打字”按钮，则进入如图 1-17 所示的“拼音打字”下的“音节练习”界面。

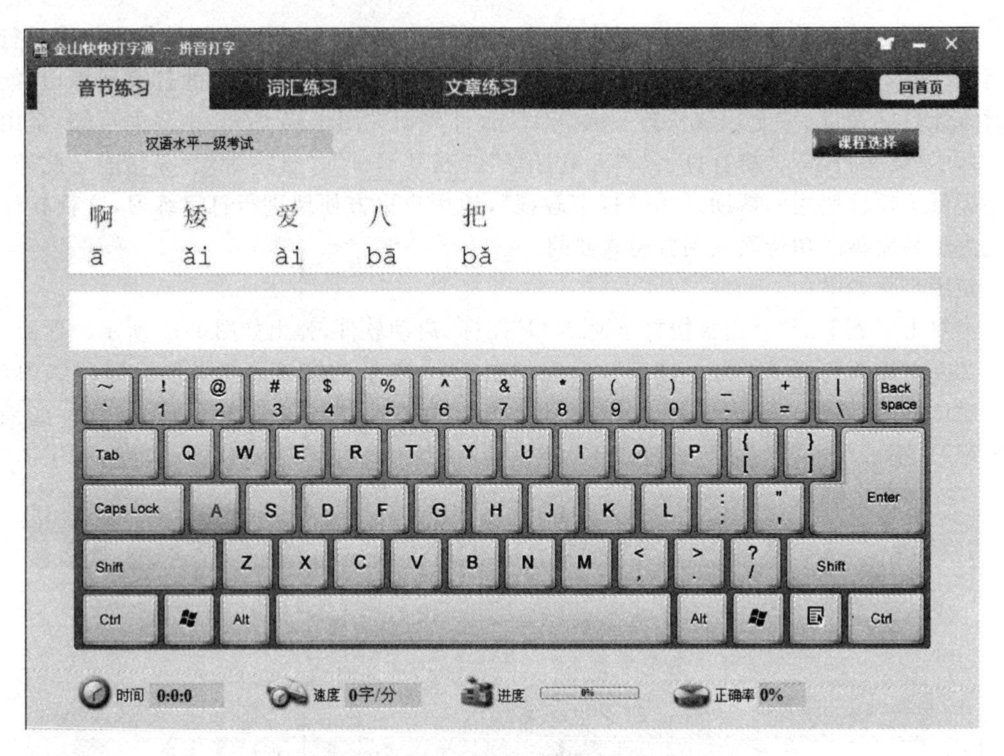

图 1-17 音节练习

②词汇练习。单击“词汇练习”选项卡，进入“词汇练习”界面，如图 1-18 所示。

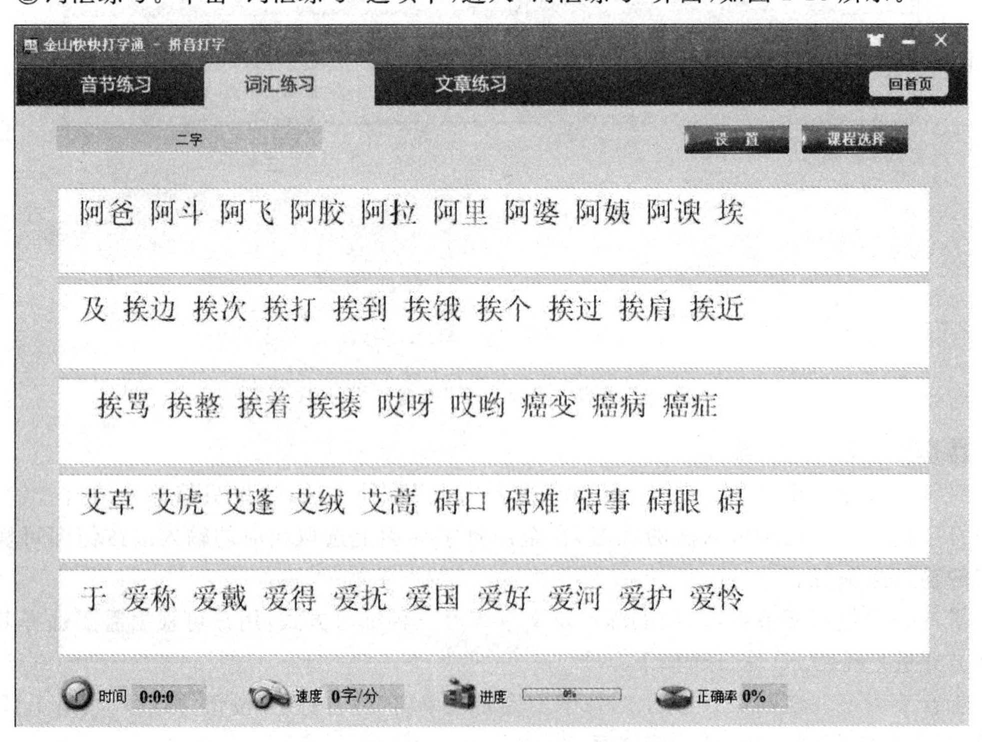

图 1-18 词汇练习

③文章练习。单击“文章练习”选项卡，进入如图 1-19 所示的“文章练习”界面，用户可进行文章输入练习。

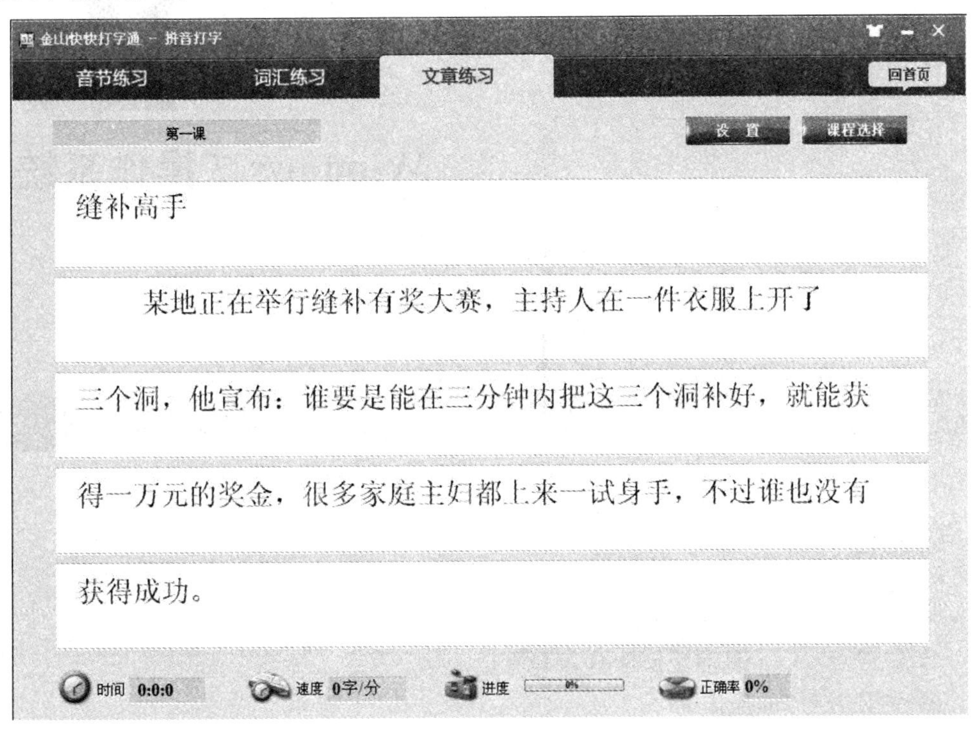

图 1-19 文章练习

第2章 Windows 7 操作系统

实训1　Windows 7 的基本操作

实训目标

1. 掌握 Windows 7 的启动。
2. 熟悉 Windows 7 桌面图标的有关操作。
3. 熟悉“任务栏”的操作。
4. 掌握桌面创建快捷方式和其他对象的方法。
5. 掌握回收站的使用方法。
6. 掌握 Windows 7 的关闭。

实训内容

1. Windows 7 的启动。
2. 自定义桌面的操作。
3. “任务栏”的相关操作。
4. 桌面上创建快捷方式和新建文件夹。
5. 利用回收站删除文件以及彻底删除文件、设置回收站的空间大小。
6. Windows 7 的关闭。

实训步骤

操作1　Windows 7 的启动

①按照先开外设后开主机的启动顺序，先打开显示器电源，再打开计算机电源，计算机主机面板上电源指示灯和显示器指示灯亮，计算机自动进行自检和初始化，自检通过后开始

启动 Windows 7,出现如图 2-1 所示的启动画面。

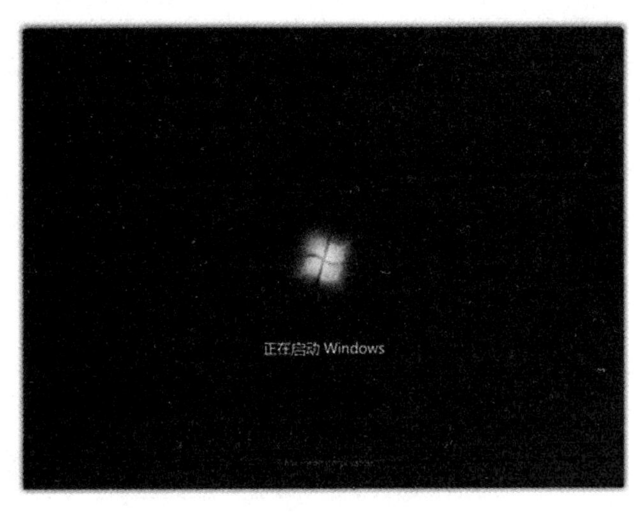

图 2-1 “Windows 7”启动界面

②单击用户名图标,输入密码,单击按钮或按 Enter 键确认,开始登录 Windows 7 系统,启动后显示主界面。

操作 2 桌面操作

启动 Windows 7 后,呈现在眼前的屏幕状态就是桌面,用户向系统发出的各种操作命令都是通过桌面来接收和处理的。图 2-2 所示为 Windows 7 的传统桌面,默认情况下只有一个回收站图标。

图 2-2 Windows 7 的传统桌面

更改桌面背景的步骤如下:

①在桌面空白处单击鼠标右键,在弹出的快捷菜单中选择“个性化”命令,打开“个性化

设置”窗口,如图 2-3 所示。

图 2-3 “个性化设置”窗口

②单击窗口下方的“桌面背景”图标。

③打开“桌面背景”窗口,在“图片位置”下拉列表中选择“Windows 桌面背景”选项,此时会在预览窗口中看到多个可用图片的缩略图,如图 2-4 所示。

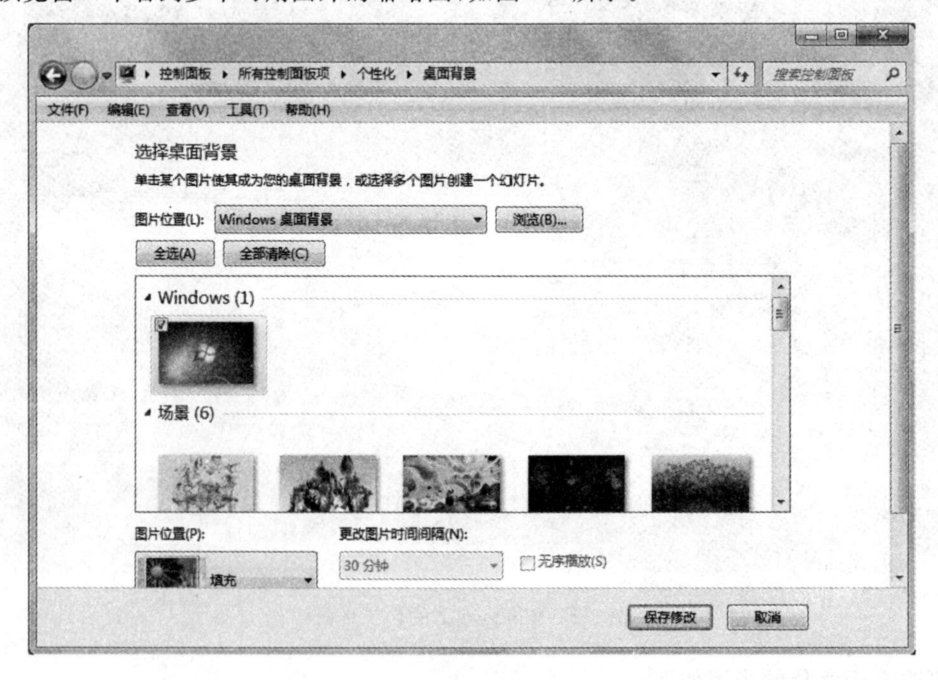

图 2-4 “桌面背景”窗口

④在默认设置下，所有图片都处于选定状态，用户可单击“全部清除”按钮，清除图片选定状态。

⑤单击选中“场景”中的任意一张图片，再单击“保存修改”按钮，即可将该图片设置为桌面背景。

⑥在“桌面背景”窗口里单击“全选”按钮或者单击选定多张图片，在“更改图片时间间隔”下拉列表中选择“5 分钟”，则表示桌面背景图片以幻灯片的形式每隔 5 分钟换一张，若用户选择了“无序播放”复选框，图片将随机切换，否则图片将按顺序切换。

操作 3　个性化设置图标

①在桌面上右击，在弹出的快捷菜单中选择“个性化”命令，打开“个性化”设置窗口，如图 2-3 所示，选择窗口左侧的“更改桌面图标”链接，打开“桌面图标设置”对话框，如图 2-5 所示。

②在“桌面图标”选项卡中，选中“计算机”图标，单击“更改图标”按钮，打开“更改图标”对话框，如图 2-6 所示。

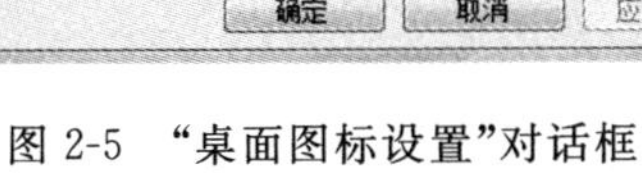

图 2-5　“桌面图标设置”对话框

图 2-6　“更改图标”对话框

③选择其中一个图标，然后单击“确定”按钮，返回至“桌面图标设置”对话框，再单击“确定”按钮，即可完成桌面上“计算机”图标样式的更改。

④在桌面上右击“计算机”图标，在打开的快捷菜单中选择“重命名”命令，可对图标名称“计算机”重新命名。

⑤在桌面空白处右击，在打开的快捷菜单中选择“查看”命令中的“大图标”选项，桌面图标即可变大。

操作 4　用户自己创建图标

用户可以创建的图标有三类：文件图标、文件夹图标和快捷图标。其中快捷图标的创建主要有两种方式，一种是先创建快捷方式再关联应用程序；另一种是找到应用程序，直接右击，在快捷菜单中选择“发送到桌面快捷方式”命令。

(1)创建快捷图标“记事本”

①在桌面空白处单击鼠标右键，从弹出的快捷菜单中选择“新建”→“快捷方式”命令。

②在弹出的对话框命令行中输入“C:\Windows\Notepad. exe”。

③单击“下一步”按钮，在弹出的对话框中将“键入该快捷方式的名称”文本框中的“Notepad. exe”改写为“记事本”。

④单击“完成”按钮，桌面上将自动出现一个“记事本”图标。

(2)创建文件夹图标“个人照片”

①在桌面空白处单击鼠标右键，从弹出的快捷菜单中选择“新建”→“文件夹”命令。

②桌面上会出现一文件夹形状的图标，光标落在图标下方的名称框中，系统默认的名称为“新建文件夹”且为蓝底色，表示此时可以改名。

③将名称改为“个人照片”，按回车键或光标脱离该框即可。

(3)创建 Word 文件图标“个人总结”

①在桌面空白处单击鼠标右键，从弹出的快捷菜单中选择“新建”→“Microsoft Word 文档”命令。

②桌面上会出现一个 Word 文件形状的图标，光标落在图标下方的名称框中，系统默认的名称为“新建 Microsoft Word 文档”且为蓝底色，表示此时可以改名。

③将名称改为“个人总结”，按回车键或光标脱离该框即可。

操作 5　回收站的使用和设置

①删除桌面上已经建立的“记事本”快捷方式图标：选定“记事本”快捷图标，按 Delete 键或其快捷菜单中的“删除”命令。

②恢复已经删除的“记事本”快捷图标：打开回收站，选定要恢复的对象，选择菜单“文件”→“还原”命令。

③永久删除桌面上的“个人照片”文件夹：删除文件的同时按住 Shift 键，将永久性地删除文件。

④设置“回收站”属性：右击桌面回收站图标，在弹出的快捷菜单中选择“属性”命令，打开“回收站属性”对话框，用户可以在该对话框内设置回收站的属性，包括回收站的位置、自定义大小、是否停用回收站和是否显示删除确认对话框，如图 2-7 所示。

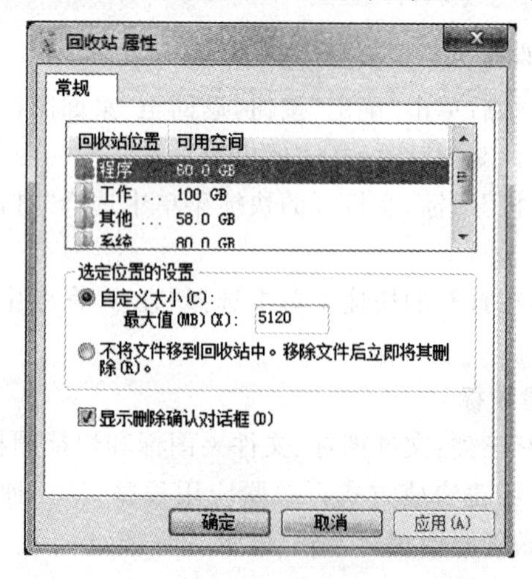

图 2-7　设置“回收站属性”对话框

操作6　退出 Windows 7

用户可以单击“开始”菜单按钮，选择“关机”命令，直接关闭计算机，也可以在桌面状态下按“Alt＋F4”键，屏幕上出现如图 2-8 所示的“关闭 Windows”对话框。

图 2-8　“关闭 Windows”对话框

①选择“切换用户”选项，系统将保持当前用户，返回登录界面，选择新的身份登录到系统中。

②选择“注销”选项，系统将注销用户，可以以其他用户的身份登录到 Windows 系统中。

③选择“重新启动”选项，系统将结束会话，关闭 Windows 并重新启动系统。

④选择“睡眠”选项，系统将维持会话，计算机的数据仍然保存在内存中，以低功耗运行。

⑤选择“休眠”选项，系统将会话存入磁盘，这样可以安全地关掉电源。会话将在下次启动 Windows 时还原。

⑥选择“关机”选项，系统将结束会话并关闭 Windows，这样就可以安全地关掉电源。

实训2　文件和文件夹的管理

实训目标

1. 了解资源管理器窗口的组成及文件、文件夹的浏览方式。
2. 掌握在资源管理器中文件和文件夹的基本操作。
3. 掌握“计算机”的相关操作。

实训内容

1. 资源管理器的基本操作。
2. 文件、文件夹的操作。
3. 格式化磁盘。

实训步骤

操作1　资源管理器的使用

(1)启动资源管理器

右击“开始”菜单按钮，从弹出的快捷菜单中选择“打开 Windows 资源管理器”命令。

(2)更改文件/文件夹的排序方式

在窗口空白处右击,在弹出的快捷菜单中选择"排序方式"选项即可,分别是按"名称"、"修改日期"、"类型"、"大小"等,如图 2-9 所示;而"递增"和"递减"选项是指确定排序方式后再以增减排序排列。

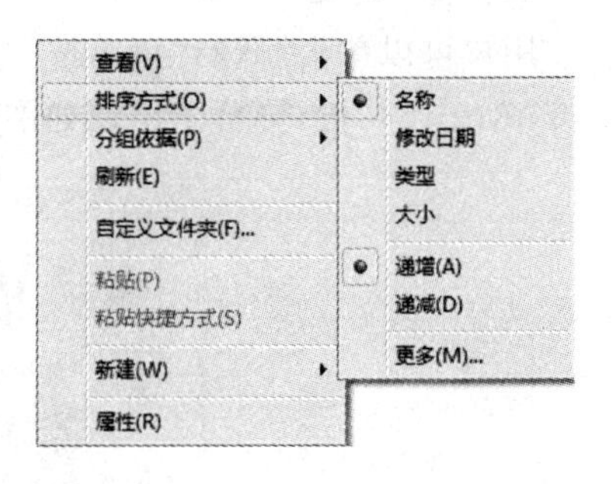

图 2-9 "排序方式"选项菜单

(3)浏览 E 盘下某个文件夹中的内容

若用户需要查看资源所在的磁盘目录,可以在资源管理器的导航窗格中单击"计算机"目录前的展开按钮▷,展开下一级目录,此时该按钮变为折叠按钮◢,再单击相应的文件夹目录,右侧的窗口工作区中将显示该文件夹的内容,如图 2-10 所示。

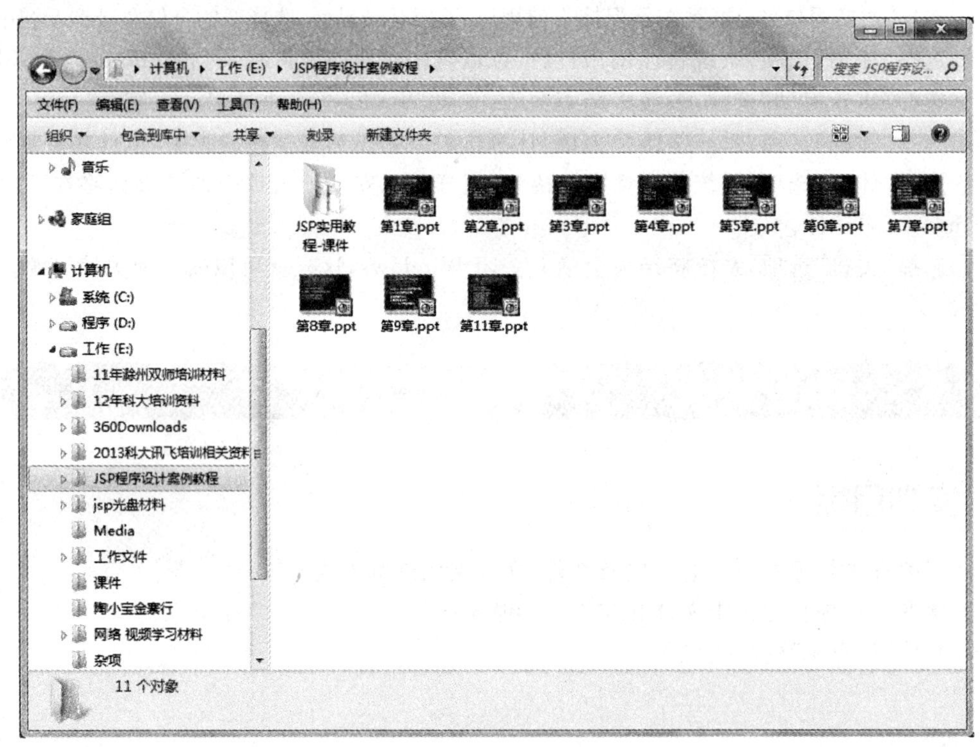

图 2-10 浏览文件夹内容

再依次单击"JSP 程序设计案例教程"文件夹图标、"工作"文件夹图标和"计算机"图标左侧的折叠按钮◢,将打开的文件夹逐个折叠起来。

(4)显示和隐藏文件扩展名

选择菜单"工具"→"文件夹选项"命令,切换至"查看"选项卡,在"高级设置"列表框中的"隐藏文件和文件夹"选项组中选中"显示隐藏的文件、文件夹和驱动器"单选按钮,如图 2-11 所示,单击"确定"按钮即可显示被隐藏的文件/文件夹。

(5)窗口工作区里对象的显示方式及排序

单击"查看"菜单,在其下拉菜单中,分别选择"超大图标"、"大图标"、"中等图标"、"小图标”、“列表”、“详细信息”、“平铺”和“内容”命令，观察窗口工作区中文件/文件夹显示方式的变化。

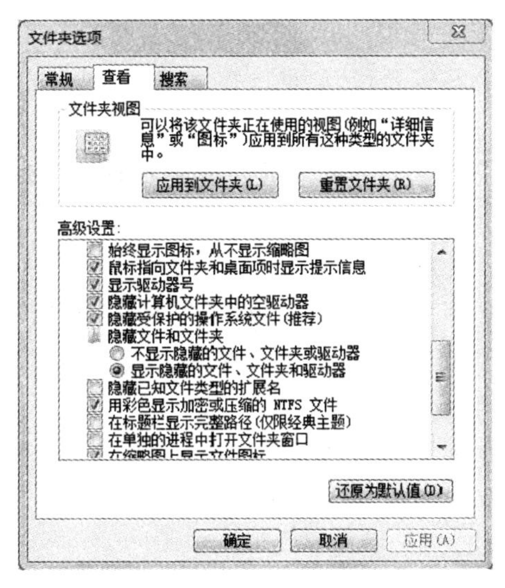

图 2-11 选择“显示隐藏的文件、文件夹和驱动器”单选按钮

在“详细信息”显示方式下，分别按“名称”、“大小”、“项目类型”和“修改日期”4 个排序方式排列文件，查看它们的前后变化。

操作 2 文件和文件夹的基本操作

(1)建立新文件或文件夹

①右击桌面空白处或窗口工作区的空白处，从弹出的快捷菜单中选择“新建”→“文件夹”命令，即可在桌面或窗口中新建一个文件夹；也可以在窗口的菜单栏中选择“文件”→“新建”→“文件夹”命令创建一个新的文件夹。

②如果在创建新文件时用户不想打开应用程序，可以先创建一个新的空白文件。其创建方法与创建新的文件夹方法相同。

例如，若想制作一份个人简历，可以通过右击窗口工作区的空白处，从弹出的快捷菜单中选择“新建”→“Microsoft Word 文档”命令，此时当前文件夹中会出现一个“Microsoft Word 文档”的图标，默认状态下，该文件被命名为“新建 Microsoft Word 文档”，呈蓝底色，便于用户修改名称，文件扩展名则未被选中。双击该图标打开该应用程序文档，就可以在新建的空白文档中输入内容。

(2)选择文件或文件夹

①选择单个文件或文件夹：直接单击需选择的文件或文件夹，被选中的文件或文件夹呈蓝色状态显示。

②选择多个文件或文件夹：先单击需选择的第一个对象，按住 Shift 键，再单击最后一个对象，则它们之间的所有对象被选中。

③选择多个不相邻的文件或文件夹：先单击需选择的第一个对象，按住 Ctrl 键，逐一单击需选择的对象，则多个不相邻的对象被选中。

④选择全部文件或文件夹：选择“编辑”菜单中的“全选”或按“Ctrl＋A”组合键，选中

所有文件。

(3)复制某个文件夹中的两个子文件夹到另一个文件夹中

打开该文件夹窗口，按住 Ctrl 键同时逐个单击要复制的子文件夹，在“编辑”菜单中选择“复制”命令，找到目标文件夹并打开，然后再选择“粘贴”命令，完成这两个文件夹的复制。

(4)更改文件夹的名称

在“Windows 资源管理器”窗口中，找到需要重命名的文件夹，选择菜单“文件”→“重命名”命令，键入文件名，按 Enter 键即可更名。

(5)删除文件夹

单击目标文件夹，再选择菜单“文件”→“删除”命令，在弹出的“确认文件删除”对话框中单击“是”按钮，该文件夹从原位置删除，进入回收站。

(6)设置文件夹的属性为只读和隐藏

鼠标右击目标文件夹，在弹出的快捷菜单中选择“属性”命令，打开“属性”对话框，选择“常规”选项卡，在“属性”选区中选择“只读”和“隐藏”复选项。

操作 3　磁盘、文件和文件夹的管理

(1)查看 C 盘属性

双击“计算机”图标，打开“计算机”窗口，然后右击“本地磁盘(C:)”图标，在弹出的快捷菜单中选择“属性”命令，在打开的对话框中，选择“常规”选项卡，查看磁盘类型、已用空间、可用空间、总容量等属性，单击“确定”按钮。

(2)格式化 U 盘

将要格式化的 U 盘插入 USB 接口，在“计算机”窗口中，用鼠标右击“可移动磁盘”图标，选择快捷菜单中“格式化”命令，在打开的“格式化”对话框中，选择“快速格式化”选项，单击“开始”按钮，当进度表显示结束时格式化过程完成。

(3)将某个重要文件夹复制到 U 盘

用鼠标右击需要复制的文件夹图标，选择快捷菜单中的“发送到”命令，在弹出的选项中单击“可移动磁盘”，即可完成复制。

技能拓展

①选择多数不连续文件和文件夹时，可以先选择不需要选择的文件和文件夹，然后选择菜单“编辑”→“反向选择”命令，即可选中多数所需选择的文件或文件夹。

②“计算机”和“Windows 资源管理器”一样，都是用于管理和使用系统资源的重要应用程序，通过“计算机”也可以浏览和使用系统资源、管理文件或文件夹，如文件或文件夹的新建、复制、移动、删除、重命名、创建快捷方式等，其操作方法与使用“Windows 资源管理器”一样。

③在文件夹中也可以创建快捷方式，方法同桌面上创建快捷方式完全一样。

④在使用窗口搜索栏搜索文件或文件夹时，可以添加搜索筛选器：“修改日期”或“大小”，以便于根据文件特征在当前文件夹或磁盘中顺利完成搜索。

实训 3 Windows 的程序管理

实训目标

掌握 Windows 7 系统中各种程序的使用方法。

实训内容

1.“计算器”、“截图工具”和“画图”程序的使用。

2. 使用“Windows Media Player”播放器。

3. 使用磁盘管理程序。

实训步骤

操作 1 “计算器”、“截图工具”和“画图”程序的使用

①选择“开始”菜单→“所有程序”→“附件”→“计算器”命令，启动“计算器”程序。

②计算“25×3－50”的值。

选择菜单“查看”→“标准型”命令，打开“标准型计算器”，依次单击计算器按钮 2、5、*、3、－、5、0、＝，观察结果。

③将十进制数 25 转换成二进制数。

选择菜单“查看”→“程序员”命令，打开“程序员计算器”，选择“十进制”选项，输入 25，再选择“二进制”选项，观察结果。

④选择“开始”菜单→“所有程序”→“附件”→“截图工具”命令，启动“截图工具”程序，选择“新建”→“全屏幕截图”命令，当前整屏图像被截取并显示在截图工具程序窗口内。

⑤按下 Print Screen 键，截取整屏图像到剪贴板，再选择“开始”菜单→“所有程序”→“附件”→“画图”命令，启动“画图”程序，选择菜单“编辑”→“粘贴”命令，将剪贴板中带有“计算器”活动窗口的整屏图像粘贴到“画图”程序中。

⑥体会两次截取全屏幕图像操作的异同。

提示：截图工具可以自由选择截取方式：任意格式截图、矩形截图、窗口截图和全屏幕截图；而 Print Screen 快捷键将截取全屏幕窗口，也可以同时按下 Alt 和 PrintScreen 键，完成当前活动窗口的截图。

操作 2 利用“Windows Media Player”播放器播放“Windows 注销声. wav”

(1)启动

选择“开始”菜单→“所有程序”→“Windows Media Player”命令，打开“Windows Media Player”播放器。

(2)播放

选择菜单“文件”→“打开”命令，在弹出的“打开”对话框中，单击“查找范围”右侧的下拉按钮，在列表中依次打开“本地磁盘（C:)”→“Windows”→“Media”文件夹，选择文件

“Windows 注销声.wav”,开始播放。

操作 3　系统工具中各种程序的使用

①利用系统工具的“磁盘碎片整理程序”,对 C 盘进行碎片整理。

选择“开始”菜单→“所有程序”→“附件”→“系统工具”→“磁盘碎片整理程序”命令,打开“磁盘碎片整理程序”窗口,选择“当前状态”列表框下的“系统(C:)”选项,单击“磁盘碎片整理”按钮,如图 2-12 所示。

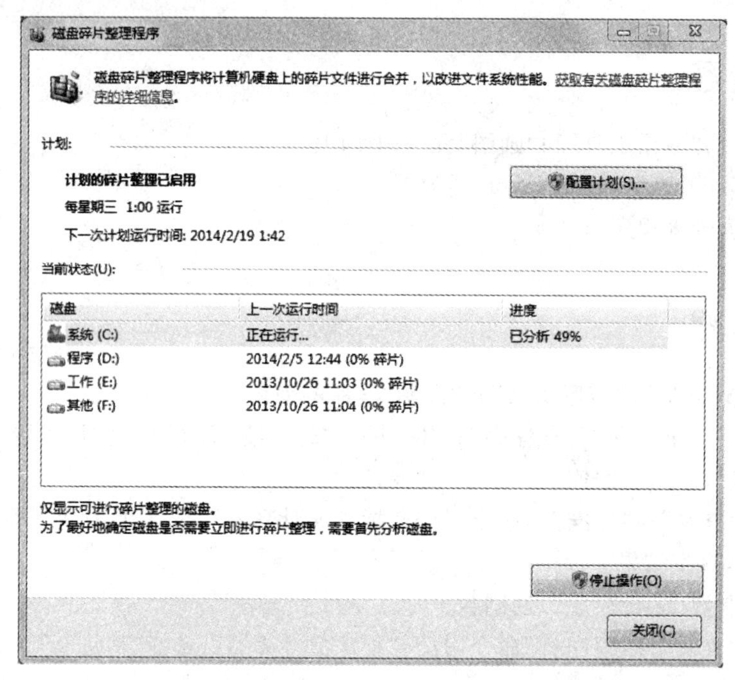

图 2-12　“磁盘碎片整理程序”窗口

②利用系统工具中的“磁盘清理”程序,对 D 盘进行磁盘清理。

选择“开始”菜单→“所有程序”→“附件”→“系统工具”→“磁盘清理”命令,选择驱动器“程序 D:”,单击“确定”按钮开始清理,如图 2-13 所示。

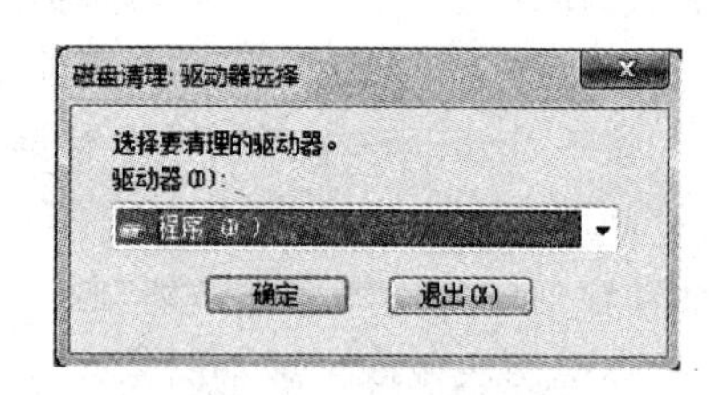

图 2-13　磁盘清理

实训 4　控制面板的使用

实训目标

1. 熟悉控制面板的主要功能。
2. 掌握在控制面板中进行系统设置的基本方法。

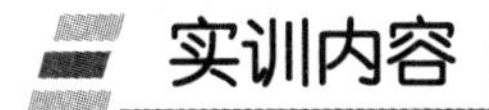

实训内容

1. 鼠标的设置。
2. 系统日期/时间的设置。
3. “个性化”属性的设置。
4. 添加和删除应用程序。

实训步骤

操作1　控制面板的启动

选择“开始”菜单→“控制面板”命令，打开“控制面板”窗口，如图2-14所示。

图2-14　“控制面板”窗口

操作2　鼠标的操作

在“控制面板”窗口中，单击“鼠标”图标，打开“鼠标属性”设置对话框。

(1)更改鼠标的左、右手习惯，调整双击速度，启用单击锁定

选择“鼠标键”选项卡，在“鼠标键配置”选项区选择“习惯右手”；在“双击速度”选项区，拖动滑块调整鼠标双击速度，然后双击该区右侧的文件夹图标，测试双击速度，测试到快慢合适即可；在“单击锁定”选项区，勾选“启用单击锁定”，单击“确定”按钮，完成所有设置。

(2)将鼠标“正常选择”的指针设置为，然后再设置为“使用默认值”

选择“指针”选项卡，在“自定义”列表中选择“正常选择”，单击“浏览”按钮，在打开的对话框中，选用“缩略图”查看方式，选择“arrow_r. cur”文件，依次单击“打开”、“确定”按钮，完成设置。

选择“指针”选项卡，单击“使用默认值”，可恢复Windows系统方案的鼠标指针形状。

(3)调整鼠标的指针速度和显示指针轨迹

选择“指针选项”选项卡，在“移动”选项区，分别拖动滑块到“慢”、“快”，移动指针观察调整鼠标指针速度后的效果。

在“可见性”选项区，勾选“显示指针踪迹”，鼠标指针显示踪迹，分别拖动滑块到“短”、“长”，观察鼠标指针显示踪迹的长短。

(4)设置滚动滑轮一次滚动4行

选择“滑轮”选项卡，在“垂直滚动”的“一次滚动下列行数”的数值框中，输入或选择“4”，单击“确定”按钮。

操作3　系统日期和时间的设置

①在“控制面板”窗口中，单击“日期和时间”图标，或双击任务栏右边的日期和时间区域，选择“更改日期和时间设置”链接，打开“日期和时间”对话框。

②选择“日期和时间”选项卡，单击“更改日期和时间”按钮，在弹出的“日期和时间设置”对话框中，将系统日期和时间设置为“2015-2-14 13:14:20”。

在“日期”栏中，分别设置“年”、“月”、“日”，选择年值为“2015”，月值为“2”，在下方的日值列表中选择“14”。

单击右侧“时间”选项区下侧文本框中的上下微调箭头，调整时间为“13:14:20”，或从键盘直接输入相应数值。

操作4　设置个性化桌面

①更换桌面背景，并把它拉伸到整个桌面。

单击“个性化”图标，或右击桌面空白处，在弹出的快捷菜单中选择“个性化”命令，打开“个性化设置”窗口，单击“桌面背景”图标，在“背景”列表框中选择一张图片，在“图片位置”下拉列表框中选择“拉伸”，如图2-15所示，单击“确定”按钮。

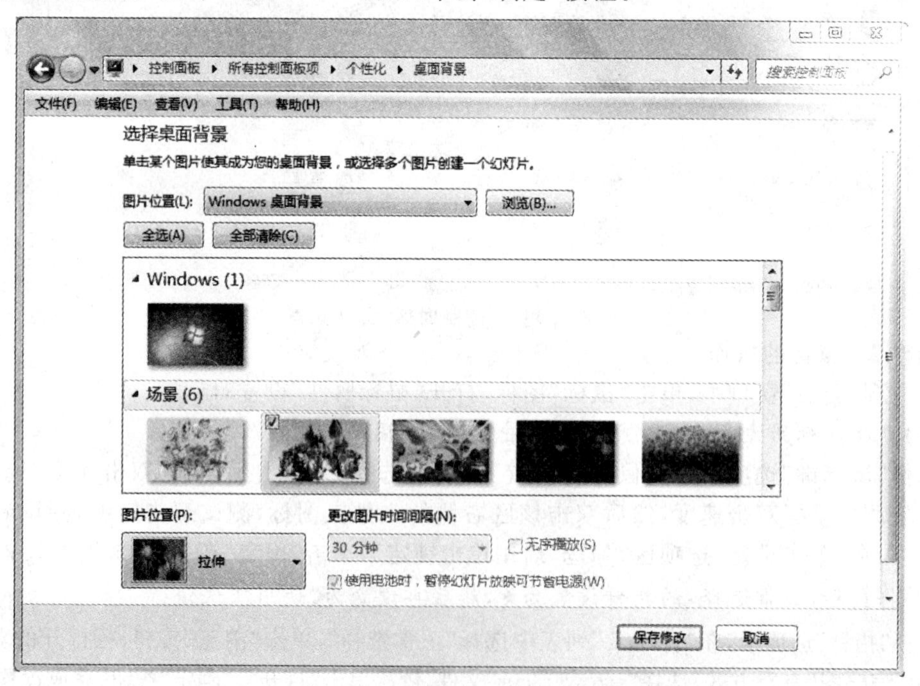

图2-15　“桌面背景”设置窗口

②选择“气泡”屏幕保护程序，等待时间为“3分钟”，返回时要求输入用户密码。

在“个性化设置”窗口中，单击“屏幕保护程序”图标，在“屏幕保护程序设置”下拉列表框中选择“气泡”，在“等待时间”列表框中选择“3分钟”，勾选“在恢复时显示登录屏幕”，这里的密码为用户登录系统的密码，如图 2-16 所示，依次单击“确定”按钮，完成设置。

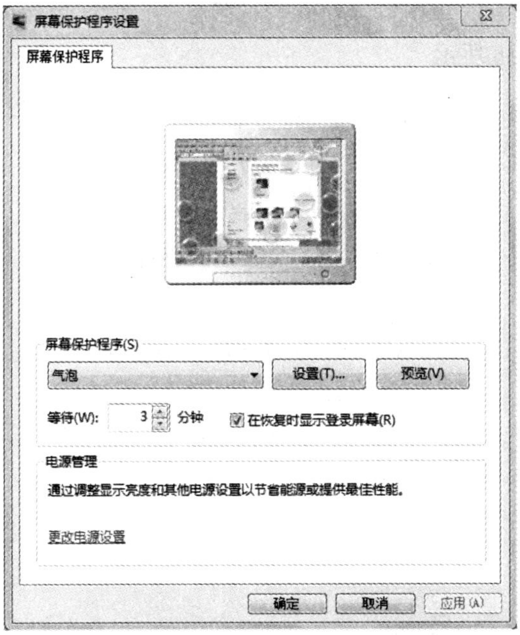

图 2-16 “屏幕保护程序设置”对话框

③查看屏幕分辨率，如果分辨率为 1024×768 像素，则设置为 800×600 像素，否则设置为 1024×768 像素。

在“个性化设置”窗口中，单击“显示”链接，打开“显示设置”窗口，在该窗口中可以进行“调整分辨率”、“调整亮度”、“校准颜色”、“更改显示器设置”等操作，单击“更改显示器设置”链接，调整分辨率为 1024×768，单击“确定”按钮完成设置，如图 2-17 所示。

图 2-17 设置屏幕分辨率

操作 5　添加/删除输入法

①在“控制面板”窗口中，单击“区域和语言”图标，打开“区域和语言”对话框，选择“键盘和语言”选项卡，如图 2-18 所示。

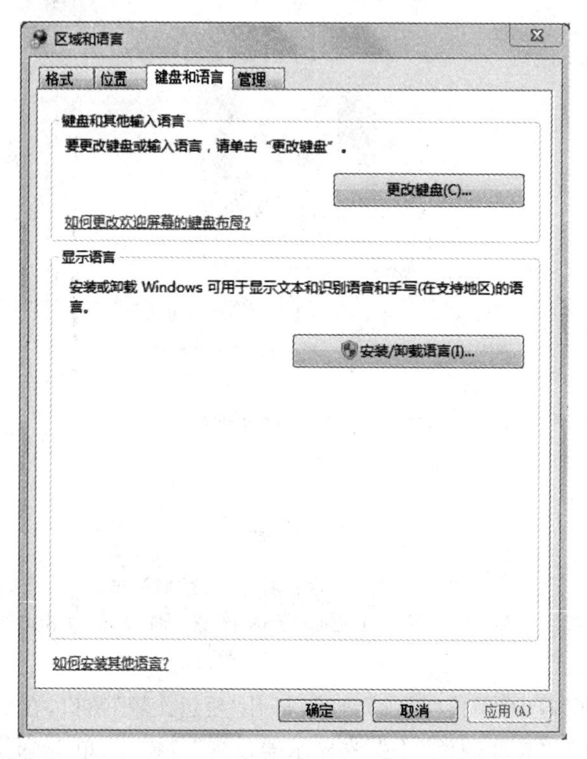

图 2-18　“区域和语言”对话框

②单击“更改键盘”按钮，打开“文本服务和输入语言”对话框，如图 2-19 所示。

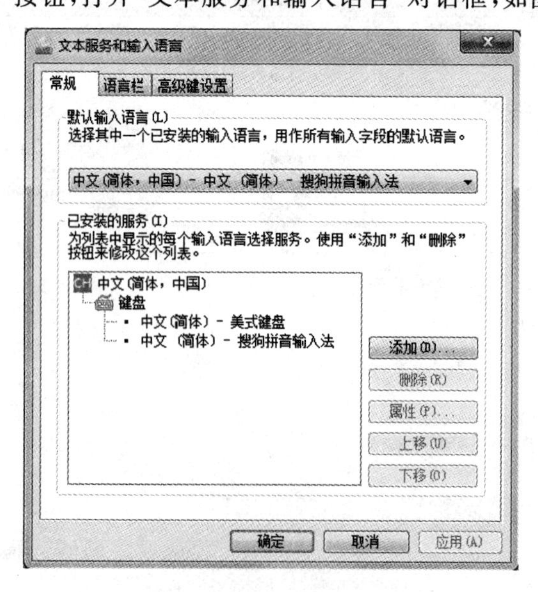

图 2-19　“文本服务和输入语言”对话框

③选择"常规"选项卡,单击"添加"按钮,打开"添加输入语言"对话框,如图 2-20 所示。

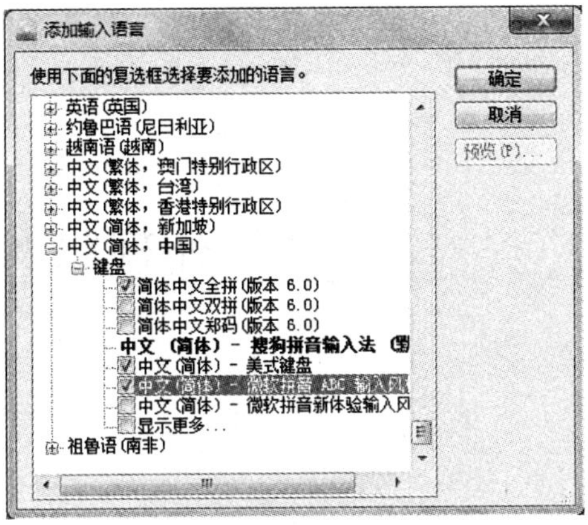

图 2-20 "添加输入语言"对话框

④在"添加输入语言"列表框中,勾选"中文(简体)-微软拼音 ABC 输入风格"复选框,如图 2-20 所示。

⑤依次单击"确定"按钮,完成输入法的添加。

⑥若删除输入法,在上述操作过程中只需在执行步骤③时,先单击选中"中文(简体)-微软拼音 ABC 输入风格"选项,再单击"删除"按钮,即可将该输入法删除。

也可以通过右击任务栏的语言栏位置,在弹出的快捷菜单中选择"设置"命令,打开"文本服务和输入语言"对话框,进行输入法的添加或删除设置。

操作 6　添加/删除 Windows 功能

在"控制面板"窗口中,单击"程序和功能"图标,打开"程序和功能"设置窗口,单击左侧的"打开或关闭 Windows 功能"链接,打开"Windows 功能"设置窗口,如图 2-21 所示。

图 2-21 "Windows 功能"设置窗口

选中"Windows 小工具平台"复选框,单击"确定"按钮,即可完成"Windows 小工具平台"功能的添加,同理,若取消某个功能的复选框,则该功能将从系统中删除。

第3章 文字处理软件 Word 2010

实训1　2015年高校毕业生就业形式分析

实训目标

1. 掌握 Word 文档的创建、编辑与保存操作。
2. 掌握字体格式设置方法。
3. 掌握段落格式设置方法。

实训内容

制作如图 3-1 所示的“2015 年高校毕业生就业形式分析”。

2015 年高校毕业生就业形式分析

据人力资源和社会保障部数据，2013 年全国有 699 万名高校毕业生，是建国以来大学毕业生人数最多的一年，699 万高校毕业生需要就业的消息，给 2013 年打上了“史上最难就业年”的标签。

2014 年，大学毕业生有 727 万，加上 13 年尚未就业的大学生，2014 年的高校就业人数多达 810 万，2014 就业成为“史上就业难上难”。

2015 年，大学毕业生有 749 万人，外加去年未找到的毕业生，预计 2015 年的高校就业人数多达 840 万，大学高校毕业人数创历史最高，堪称“史上更难就业季”。

给大学毕业生的建议：

① 科学合理职业生涯规划。一定要设计好自己的职业生涯，只有这样，未来才有希望。要切记做到知己知彼，特别是全面地认识自我、认清自己的长处和短处、自己的脾气秉性、自己的职业适应性、自己的才能以及自己可能在哪些方面取得成功。

② 转变观念。危机是危难也是机遇，没有追求就没有机会。大学生不再是精英的代名词，而是具有较高素质的普通劳动者。学会从基层做起，到基层较苦，生活条件较差，但往往自己的自主权较强，锻炼的机会较多，成长快。

③ 正确看待收入。一个单位好，有很好的发展空间，目前收入少一些，但今后的发展机会相对多一些，收入提高也可能会快一些。

2001年-2015年全国高校毕业生人数

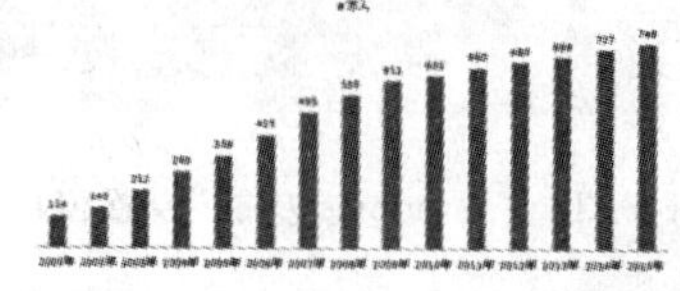

数据采集自教育在线网

信息工程学院整理

图 3-1　2015 年高校毕业生就业形式分析

1. 文档的创建与保存。
2. 设置字体格式。
3. 设置段落格式。
4. 设置首字下沉。
5. 文档加密。

实训步骤

操作1　新建 Word 文档

首先打开 Word 2010，打开的同时系统默认新建一个空白文档。若已经打开了一个 Word 文档，则可以按下组合键“Ctrl ＋ N”，新建一个空白文档。

操作2　输入标题和正文内容

2015 年高校毕业生就业形式分析

据人力资源和社会保障部数据，2013 年全国有 699 万名高校毕业生，是建国以来大学毕业生人数最多的一年。699 万高校毕业生需要就业的消息，给 2013 年打上了“史上最难就业年”的标签。

2014 年，大学毕业生有 727 万。加上 13 年尚未就业的大学生，2014 年的高校就业人数多达 810 万。2014 就业成为“史上就业难上难”。

2015 年，大学毕业生有 749 万人，外加去年未找到工作的毕业生，预计 2015 年的高校就业人数多达 840 万。大学高校毕业人数创历史最高，堪称“史上更难就业季”。

给大学毕业生的建议：

科学合理进行职业生涯规划。一定要设计好自己的职业生涯，只有这样，未来才有希望。要切记做到知己知彼，特别是全面地认识自我、认清自己的长处和短处、自己的脾气秉性、自己的职业适应性、自己的才能以及自己可能在哪些方面取得成功。

转变观念。危机是危难也是机遇，没有追求就没有机会。大学生不再是精英的代名词，而是具有较高素质的普通劳动者。学会从基层做起，到基层较苦，生活条件较差，但往往自己的自主权较强，锻炼的机会较多，成长快。

正确看待收入。一个单位好，有很好的发展空间，目前收入少一些，但今后的发展机会相对多一些，收入提高也可能会快一些。

数据采集自教育在线网

信息工程学院整理

操作3　插入图片

插入点置于倒数第三行，单击“插入”→“插图”组→“图片”按钮，打开“插入图片”对话框，如图 3-2 所示。在对话框中选择所需的图片文件，单击“插入”按钮。

操作4　设置标题格式

将标题格式设置为“楷体”、“二号”、“居中对齐”。具体操作如下：

选中标题文字，选择“开始”→“字体”组→“字体”下拉列表框 宋体 ，选择“楷体”，在

“字号”下拉列表框 五号 中设置字号为“二号”，然后单击“段落”组中的“居中”按钮，使标题位置居中。

图 3-2 “插入图片”对话框

操作 5 设置段落格式

选中正文所有段落，选择“开始”→“段落”组右下角按钮，打开如图 3-3 所示“段落”对话框，选择“1.5 倍行距”。

选中正文前 7 段，在“段落”对话框中，选择首行缩进 2 个字符。

选中正文最后两段，设置为右对齐。

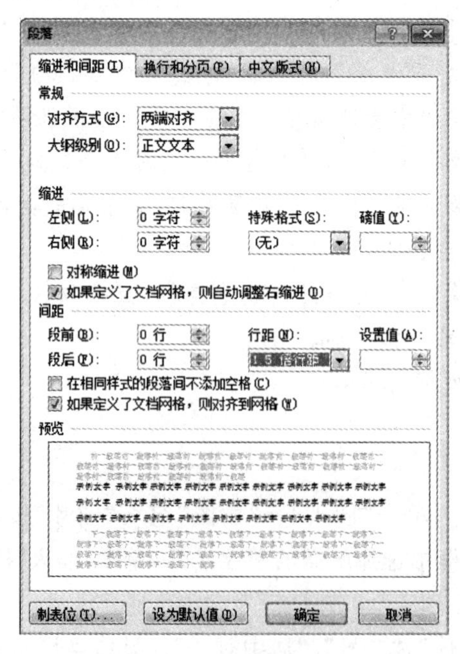

图 3-3 “段落”对话框

操作6　首字下沉

插入点置于第1段，选择“插入”→“文本”组→“首字下沉”按钮，打开如图3-4所示“首字下沉”下拉列表框，选择“首字下沉选项”命令，弹出如图3-5所示“首字下沉”对话框，设置位置为“下沉”，下沉行数为“2”，单击“确定”按钮。

图3-4　首字下沉图

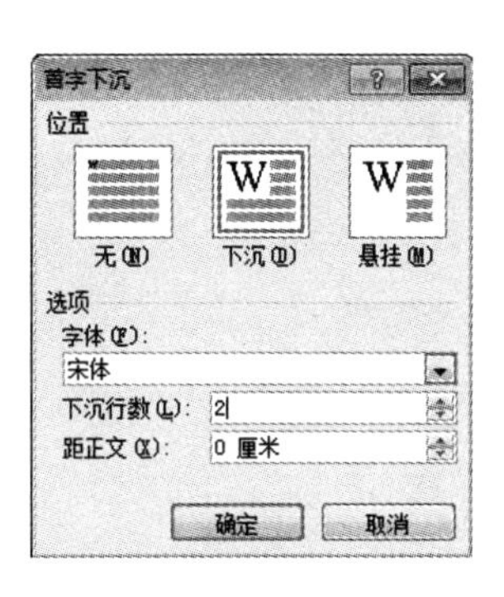

3-5　“首字下沉”对话框

操作7　边框与底纹

选中正文第2段，选择“开始”→“段落”组→“下框线”按钮右边三角形，在下拉列表框中选择“边框和底纹”命令，弹出如图3-6所示“边框和底纹”对话框。在对话框的边框选项卡中选择“红色”、“1.0磅”，应用于“文字”。在底纹选项卡中选择填充为“黄色底纹”，应用于“文字”。

选中正文第3段，操作步骤同上，应用范围选择“段落”。

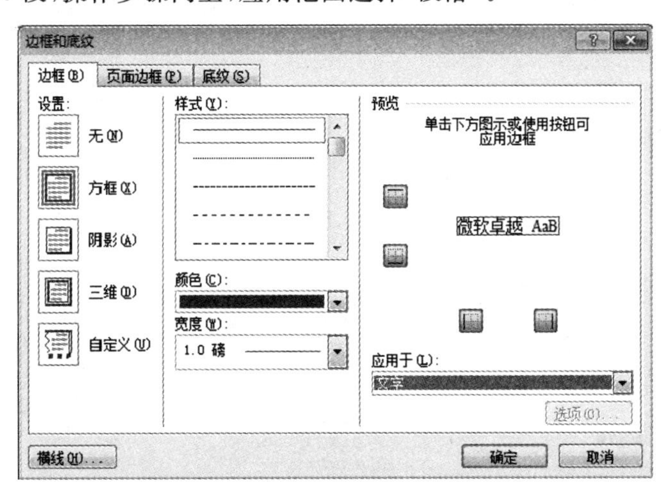

图3-6　“边框和底纹”对话框

操作8　编号

选中正文第5、6、7段，选择“开始”→“段落”组→“编号”按钮，打开如图3-7所示“编号”库，选择相应编号格式。

操作9　文档加密

单击“文件”→“信息”组→“保护文档”→“用密码进行加密”，如图3-8所示。弹出如图3-9所示“加密文档”对话框，输入密码后确定，弹出如图3-10所示“确认密码”对话框，再次输入密码后确定。

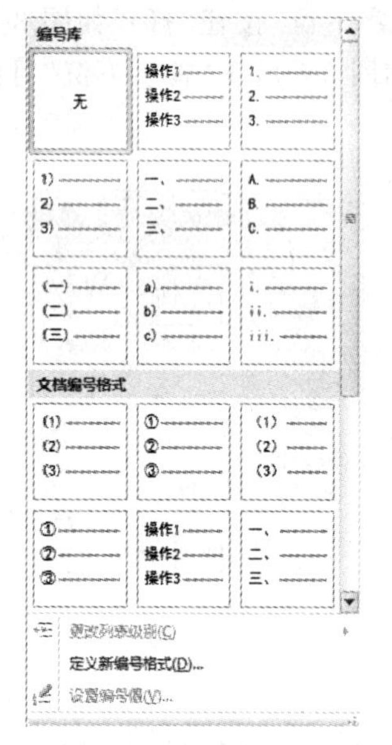

图 3-7 “编号”库

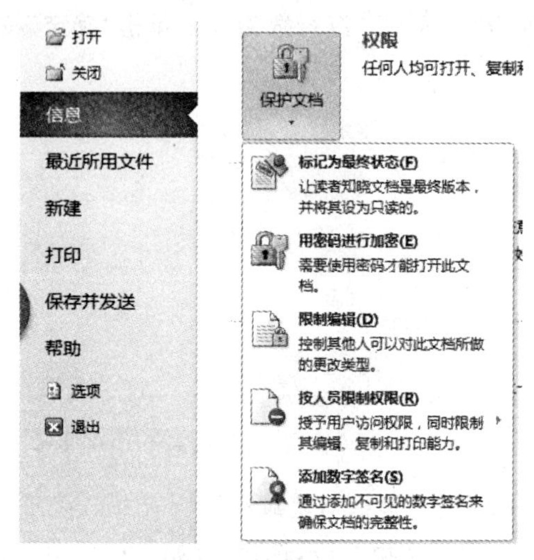

图 3-8 用密码进行加密

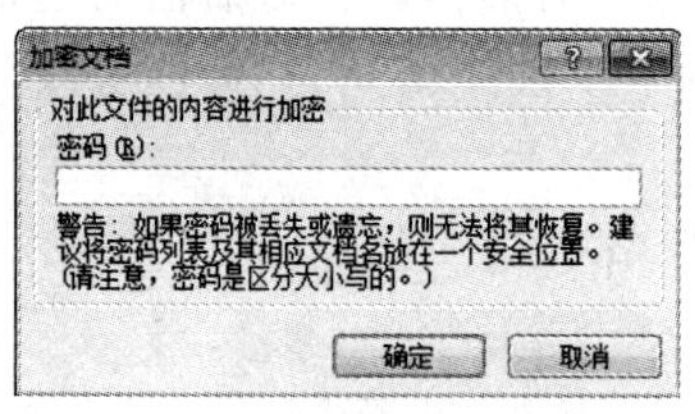

图 3-9 “加密文档”对话框

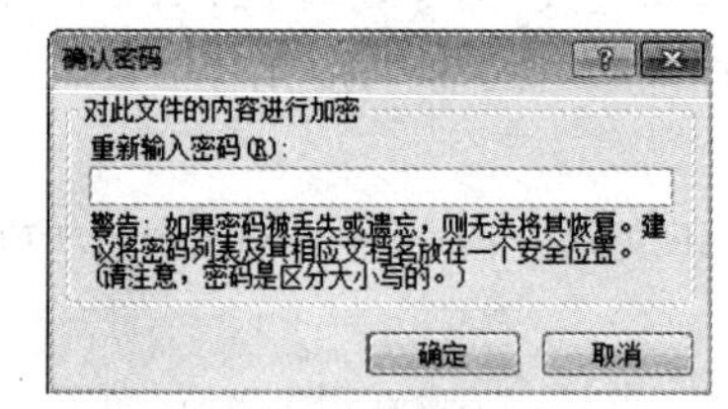

图 3-10 “确认密码”对话框

操作 10 文档保存

单击“文件”→“保存”，由于是新建文档第 1 次保存，所以会打开“另存为”对话框，如图3-11所示，在弹出的对话框里选择保存的位置、保存类型，输入文档名称，然后单击“保存”按钮。

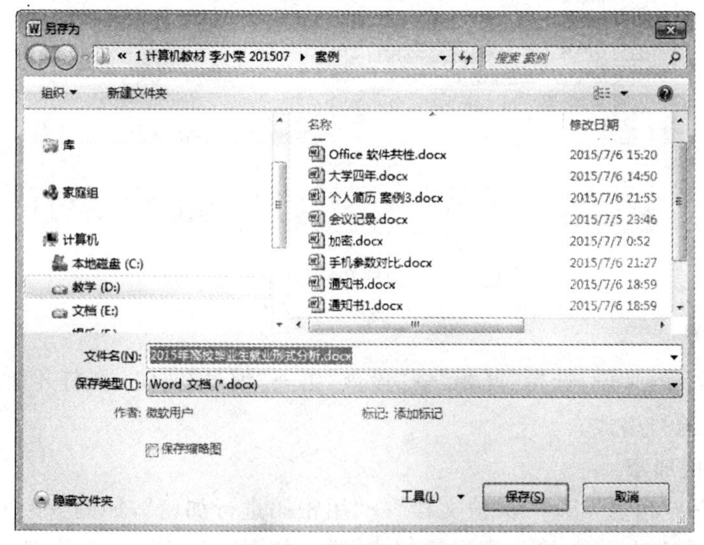

图 3-11 “另存为”对话框

技能拓展

格式刷可以减少大量重复的格式设置工作，完成格式的复制功能，如图 3-12 所示。如果想要把 A 的格式复制到 B 上，只要如下简单的 3 步就可以完成。

图 3-12　格式刷

①选中 A。

②单击“开始”→“剪贴板”组→“格式刷”按钮，此时光标会变成“小刷子”的形状。

③用“小刷子”光标刷 B。

实训 2　百度搜索

实训目标

1. 掌握图文混排的方法。
2. 掌握文本框的用法。
3. 掌握页面设置中纸张、页边距、分栏、水印等设置方法。

实训内容

制作如图 3-13 所示的“百度搜索”文档。

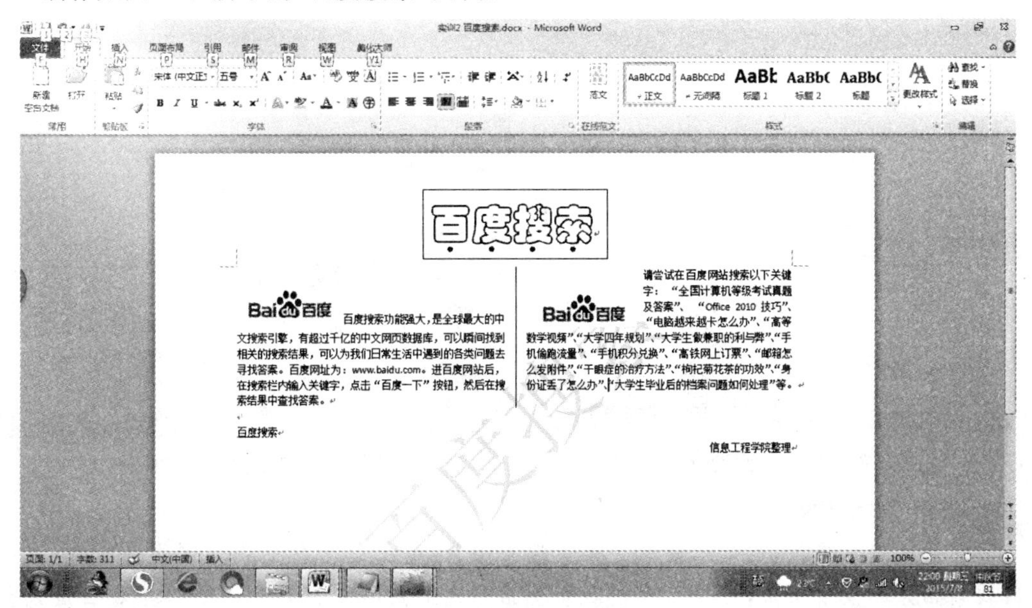

图 3-13　“百度搜索”文档

1. 页面设置。
2. 分栏设置。
3. 插入文本框。
4. 添加图片,实现图文混排。

实训步骤

操作 1　新建文档

操作步骤参见实训 1 中的新建文档。

操作 2　页面设置

①选择“页面布局”→“页面设置”组右下角按钮,显示“页面设置”对话框,打开“页面设置”对话框。

②单击“纸张”选项卡,在“纸张大小”选项区的下拉列表框中选择“16 开”,单击“确定”按钮。

③单击“页边距”选项卡,在“左”、“右”数值框中设置值为“3 厘米”,在“上”数值框中设置值为“4 厘米”,在“下”数值框中设置值为“2.5 厘米”。

④在“纸张方向”选项区内选择“横向”,如图 3-14 所示。

⑤选择“页面布局”→“页面背景”组→“水印”→“自定义水印”,打开如图 3-15 所示“水印”对话框。选择“文字水印”,在“文字”栏输入“百度搜索”,单击“确定”按钮。

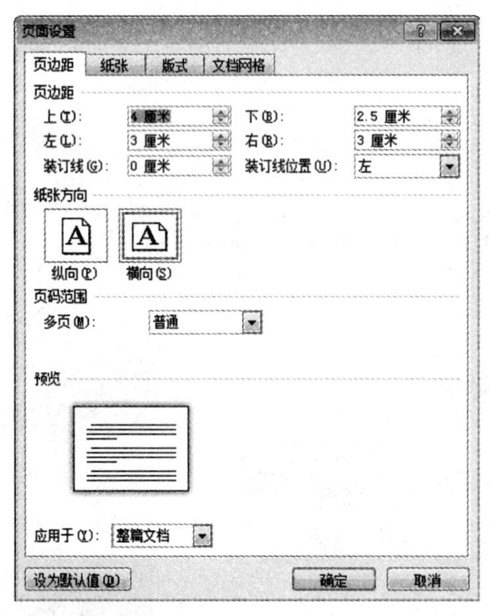

图 3-14　页面设置

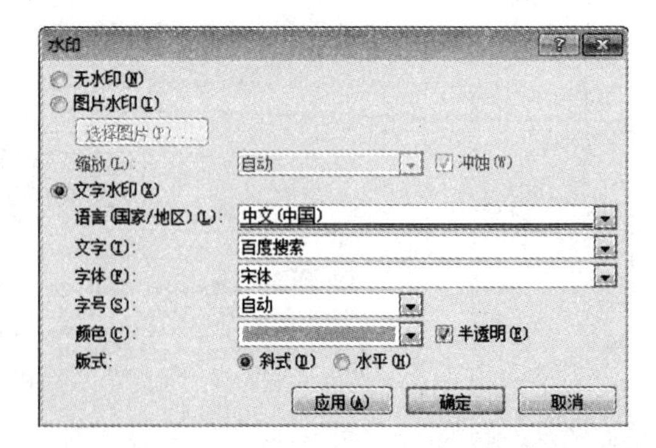

图 3-15　“水印”对话框

操作 3　输入正文

百度搜索功能强大,是全球最大的中文搜索引擎,有超过千亿的中文网页数据库,可以瞬间找到相关的搜索结果,可以为我们日常生活中遇到的各类问题去寻找答案。百度网址为:www.baidu.com。进百度网站后,在搜索栏内输入关键字,点击“百度一下”按钮,然后在搜索结果中查找答案。

请尝试在百度网站搜索以下关键字:“全国计算机等级考试真题及答案”、“Office 2010 技巧”、“电脑越来越卡怎么办”、“高等数学视频”、“大学四年规划”、“大学生做兼职的利与弊”、“手机偷跑流量”、“手机积分兑换”、“高铁网上订票”、“邮箱怎么发附件”、“干眼症的治疗方法”、“枸杞菊花茶的功效”、“身份证丢了怎么办”、“大学生毕业后的档案问题如何处理”等。

百度搜索

信息工程学院整理

操作 4　分栏设置

选中第 1、2 段,单击“页面布局”→“页面设置”组→“分栏”→“更多分栏”,打开“分栏”对话框。在“栏数”列表框中选择“2”,选中“栏宽相等”复选框,选中“分隔线”复选框,在“应用于”下拉列表框中选择“所选文字”,如图 3-16 所示。

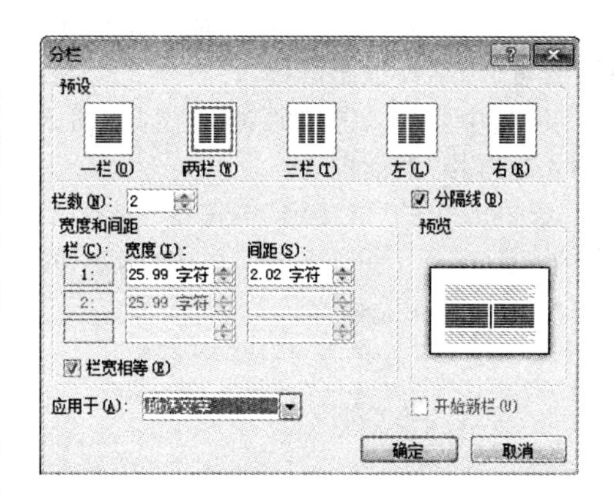

图 3-16　“分栏”对话框

操作 5　文本框设置

①选择“插入”→“文本”组→“文本框”→“绘制文本框”,单击鼠标左键,会产生一个“文本框”对象。

②在文本框内输入文字“百度搜索”,字符格式设置为“华文彩云”、“一号”、“着重号”字。

③将文本框拖到页面的正上方适当位置。

操作 6　图片操作

①在第 1、2 段起始位置均插入百度图片:选择“插入”→“插图”组→“图片”,打开“插入图片”对话框,插入百度图片。

②在图片上单击,选择“图片工具”→“格式”→“大小”组,单击右下角显示“布局”对话框按钮,打开“布局”对话框。

③选择“文字环绕”选项卡,将“环绕方式”设置为“紧密型”,如图 3-17 所示。

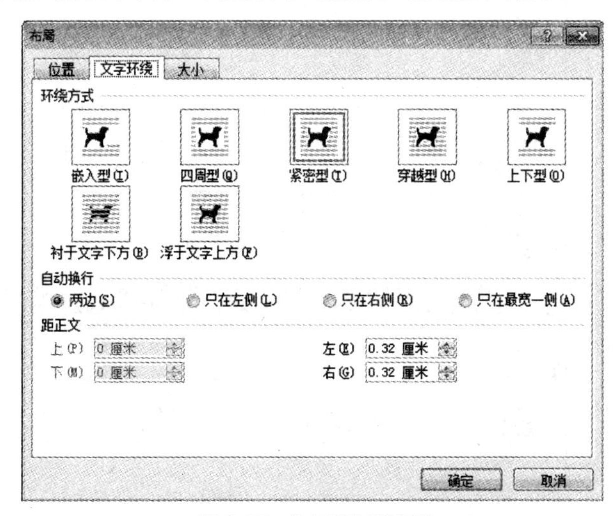

图 3-17　“布局”对话框

操作 7　调整

步骤略。

操作 8　保存

步骤略。

技能拓展

1. 有时需要让文字、图片或文本框等对象链接相关网站，在此，为实训中倒数第 2 段中的“百度”二字添加超链接。

①选中要插入链接的对象，选择“插入”→“链接”组→“超链接”，打开如图 3-18 所示的“插入超链接”对话框。

②在左边的“链接到”中选择“现有文件或网页”，在“地址”文本框中输入网站地址，如“http://www.baidu.com”，单击“确定”按钮。

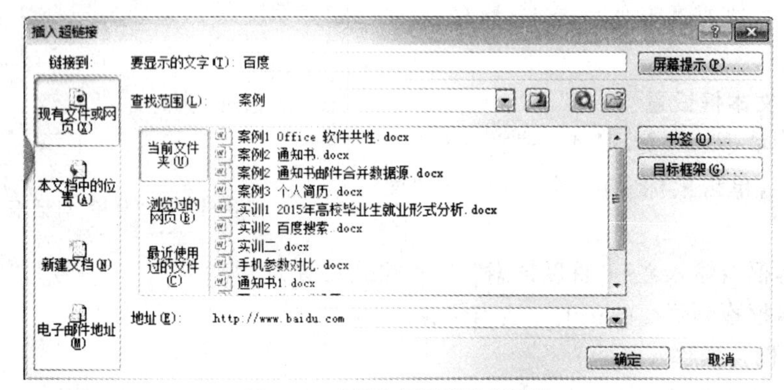

图 3-18　“插入超链接”对话框

2. 制作如图 3-19 所示图、文混排文档，比较不同图片环绕方式之间的区别。

图片环绕方式设置

嵌入型	四周型环绕	紧密型环绕
穿越型环绕	紧密型环绕	穿越型环绕
上下型环绕	衬于文字下方	浮于文字上方

图 3-19　图片环绕方式的展示图

实训3　百货超市2014年销售情况统计表

实训目标

1. 掌握制作表格的方法。
2. 掌握设置表格格式的方法。
3. 掌握使用公式的方法。

实训内容

制作如图3-20所示的“百货超市2014年销售情况统计表”。

1. 表格制作。
2. 表格格式设置。
3. 公式计算。
4. 图表操作。
5. 表格和文字转换。

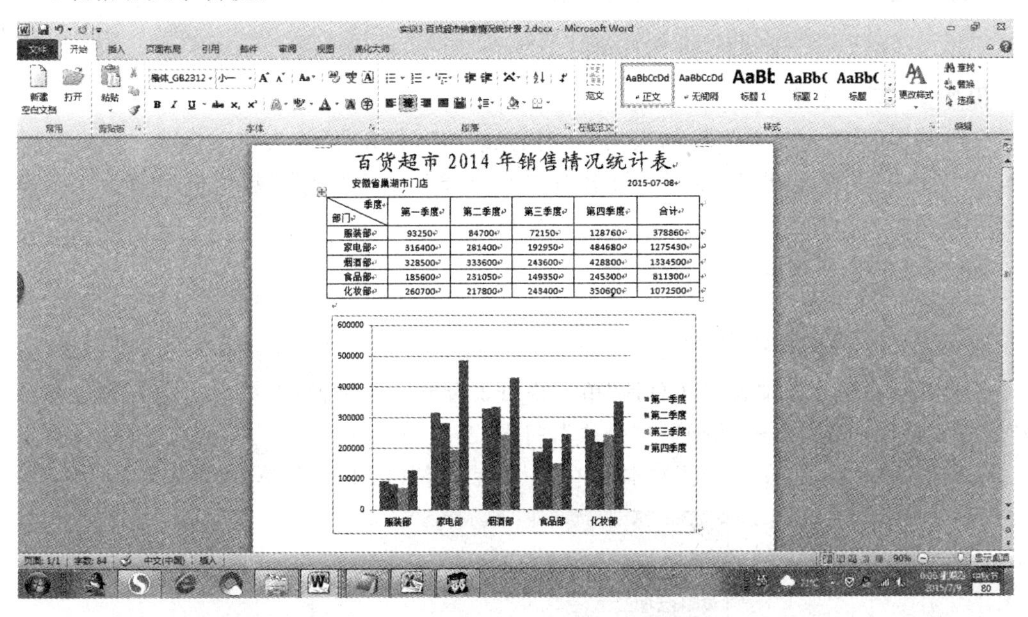

百货超市2014年销售情况统计表

安徽省巢湖市门店　　2015-07-08

季度/部门	第一季度	第二季度	第三季度	第四季度	合计
服装部	93250	84700	72150	128760	378860
家电部	316400	281400	192950	484680	1275430
烟酒部	328500	333600	243600	428800	1334500
食品部	185600	231050	149350	245300	811300
化妆部	260700	217800	243400	350600	1072500

图3-20　百货超市2014年销售情况统计表

实训步骤

操作1　新建文档

步骤略。

操作 2　标题格式设置

输入标题文字“百货超市 2014 年销售情况统计表”，将格式设置为“楷体”、“小一”、“居中对齐”。

操作 3　插入日期

①输入文字“安徽省巢湖市门店”，再选择“插入”→“文本”组→“日期和时间”，打开“日期和时间”对话框。

②如图 3-21 所示，在“语言”下拉列表框中选择“英语（美国）”，在“可用格式”中选择“2015-07-08”日期格式。

③设置“日期”所在段落的“段后间距”为“0.5 行”。

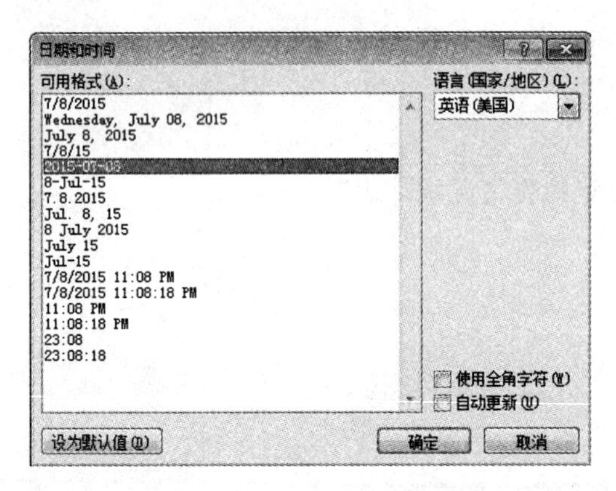

图 3-21　“日期和时间”对话框

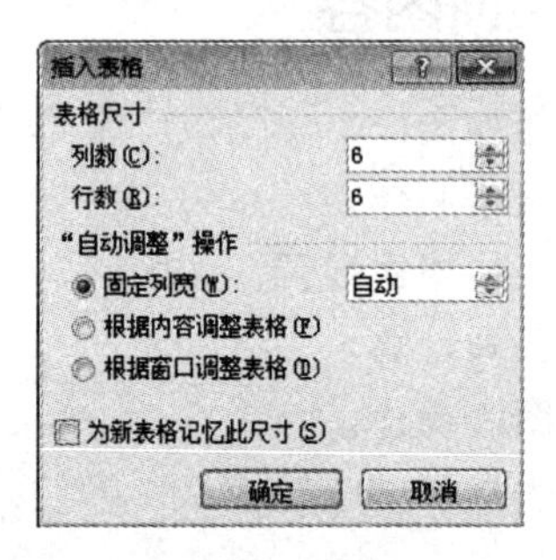

图 3-22　“插入表格”对话框

操作 4　插入表格

①选择“插入”→“表格”组→“表格”→“插入表格”，打开“插入表格”对话框。

②如图 3-22 所示，设置“列数”数值框中值为“6”，设置“行数”数值框中值为“6”，单击“确定”按钮。

操作 5　输入表格数据

步骤略。

操作 6　公式计算

①将光标定位于 F2“服装部总计”单元格（F2 为单元格位置，即第 2 行第 6 列位置），选择“表格工具”→“布局”→“数据”→“公式”，打开“公式”对话框。

②如图 3-23 所示，在“公式”文本框中输入“＝SUM(LEFT)”，单击“确定”按钮。

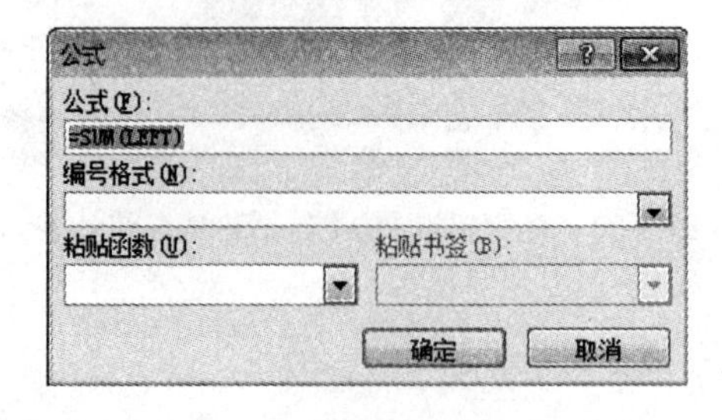

图 3-23　“公式”对话框

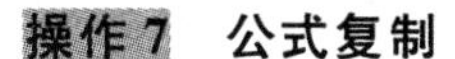

操作 7　公式复制

方法一：

①选中 F2 单元格中刚获得的计算结果，选择右键快捷菜单“切换域代码”命令，F2 单元格内容变成如图 3-24 所示的代码形式。

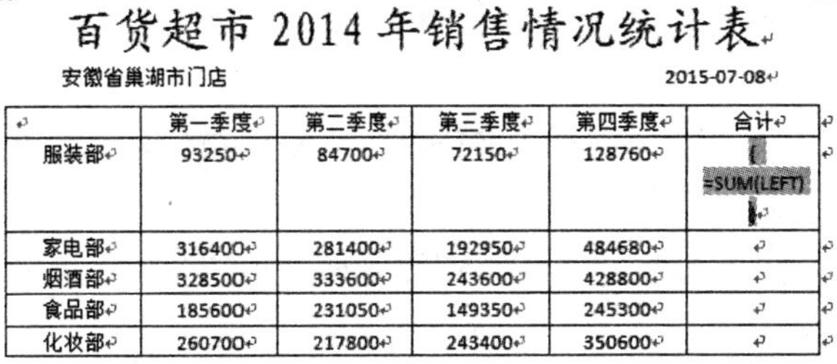

百货超市 2014 年销售情况统计表

安徽省巢湖市门店　　　　2015-07-08

	第一季度	第二季度	第三季度	第四季度	合计
服装部	93250	84700	72150	128760	{ =SUM(LEFT) }
家电部	316400	281400	192950	484680	
烟酒部	328500	333600	243600	428800	
食品部	185600	231050	149350	245300	
化妆部	260700	217800	243400	350600	

图 3-24　切换域代码

②将 F2 单元格中的“域代码”复制到 F3 中。

③选中 F3 中单元格内容，选择右键快捷菜单中的“更新域”命令，重新计算结果。

方法二：

在 F2 插入合计公式后，将光标置于 F3 单元格，按下组合键“Ctrl＋Y”可以实现以上三步操作的结果，即在 F3 中重复执行上一次操作(插入公式)。

操作 8　插入图表

①选择菜单“插入”→“插图”组→“图表”，弹出“插入图表”对话框，选择“柱形图”，单击“确定”按钮。

②将出现的 Excel 表中数据删除，将刚制作的 Word 表中 A1:E6 单元格区域的内容复制过去。

③进入 Word，在图表中单击，选择“图表工具”→“设计”→“数据”组→“选择数据”，弹出如图 3-25 所示“选择数据源”对话框，用鼠标在 Excel 表中选择 A1:E6 单元格区域为数据源，单击“确定”按钮。

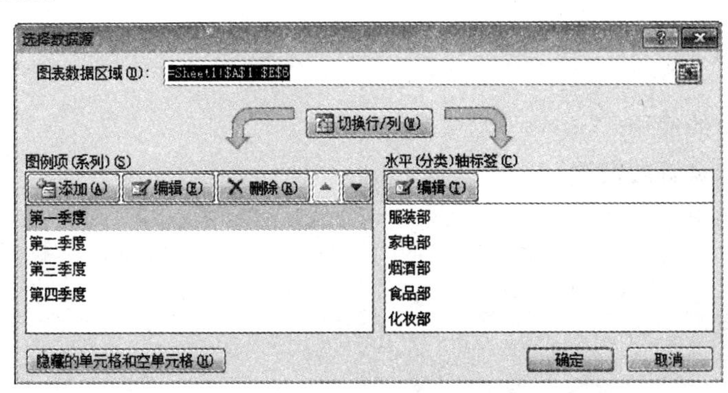

图 3-25　“选择数据源”对话框

操作 9　调整

步骤略。

操作 10　保存

步骤略。

技能拓展

1. 有时需要把表格转换成文字，这样就可把表格内容文字保存成 .txt 文件，放到手机、MP4 等工具中浏览。具体做法如下：

①选中表格，选择“表格工具”→“布局”→“数据”组→“转换为文本”，打开“表格转换成文本”对话框，如图 3-26 所示。

②选中“制表符”单选按钮，单击“确定”按钮，表格将被转换为文字，删除“斜线表头”后，效果如图 3-27 所示。

选择部分文字，选择“插入”→“表格”→“文本转换成表格”，也可以将文本转换成表格。

图 3-26 “表格转换成文本”对话框

百货超市 2014 年销售情况统计表

安徽省巢湖市门店 2015-07-08

	第一季度	第二季度	第三季度	第四季度	合计
服装部	93250	84700	72150	128760	378860
家电部	316400	281400	192950	484680	1275430
烟酒部	328500	333600	243600	428800	1334500
食品部	185600	231050	149350	245300	811300
化妆部	260700	217800	243400	350600	1072500

图 3-27 转换后的文本

2. 绘制斜线表头。单击需要插入斜线表头的单元格，如 A1 单元格，选择“表格工具”→“设计”→“表格样式”组→“边框”→“斜下框线”或“斜上框线”，绘制斜线表头。

3. 套用格式。单击表格中任一单元格，选择“表格工具”→“设计”→“表格样式”组，鼠标单击选择需要的样式。

实训 4 毕业论文排版

实训目标

1. 掌握分隔符的使用。
2. 掌握页眉和页脚的设置。
3. 掌握目录的引用方法。

实训内容

制作如图 3-28 所示的毕业论文排版。

1. 使用分隔符。
2. 使用样式。
3. 添加页眉和页脚。
4. 页面设置。

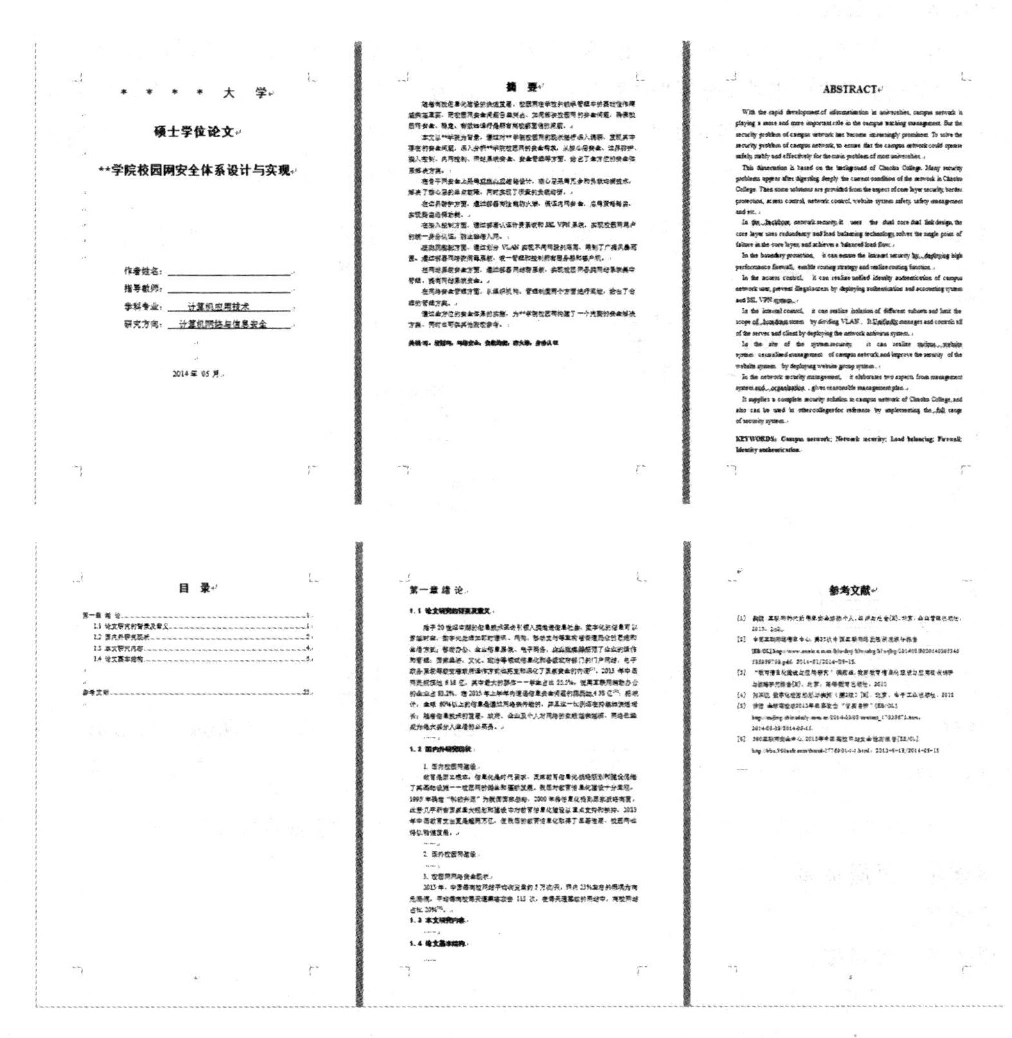

图 3-28　毕业论文排版

实训步骤

毕业论文一般分成中文封面、英文封面、答辩委员会签名、学位独创性声明和学位论文版权使用授权书、致谢、中文摘要、英文摘要、目录、插图清单、表格清单、正文、参考文献等。各高校教务处网站会提供本校毕业生最新毕业论文模板，模板内有对字数、页面设置、各组成部分段落格式、文字格式等的要求，一般还会提供参考论文，有需要的同学可以去下载使用或借鉴。

在本实训中，提供一个精简版毕业论文实训案例，讲解其中的一些小技巧。

操作 1　到教务处网站下载毕业论文模板

步骤略。

操作 2　输入自己的毕业论文内容

步骤略。

操作 3　页面设置

①选择菜单“页面布局”→“页面设置”组右下角按钮，显示“页面设置”对话框设置。

②在“页边距”选项卡中，设置“内侧”数值框中值为“3.5 厘米”，设置“外侧”数值框中值为“2.8厘米”，在“页码范围”选择区的“多页”下拉列表框中选择“对称页边距”，如图 3-29 所示。

③如图 3-30 所示，选择“页面设置”的“版式”选项卡，勾选“奇偶页不同”复选框。

图 3-29 “页面设置/页边距”选项卡

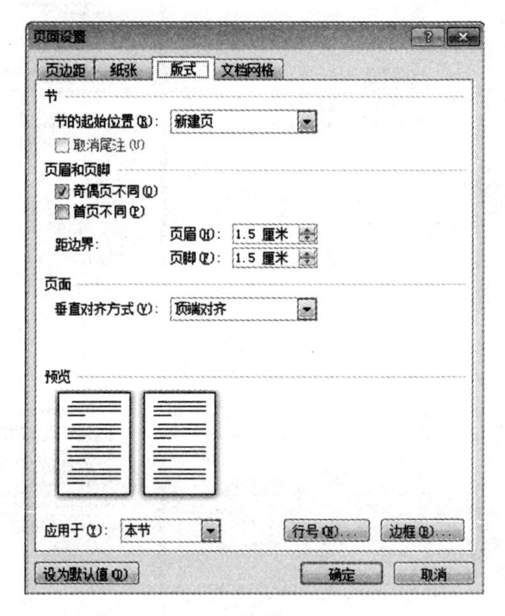

图 3-30　“页面设置/版式”选项卡

操作 4　页眉页脚

步骤略。

操作 5　套用模板

将论文模板的格式复制到自己写的论文上。文中所有的一级标题格式(如:字体、字号、字符间距、对齐方式、段前段后距、行距等)相同，所有的二级标题格式相同，所有的三级标题格式相同，所有的正文段落格式相同，所有的插图说明(如:图 3.1 校园网网络拓扑结构图)格式相同，所有的参考文献格式相同……

这些相同的格式并不需要一个一个地去设置，可以设置好一个对象(如:1.1 论文研究的背景及意义)的格式，然后打开“开始”→“剪贴板”组，双击格式刷，将格式刷在其他要设置成相同格式的对象(如:1.2 国内外研究现状、1.3 本文研究内容)上刷过。

操作 6　插入分隔符

在每个一级标题前插入分页符。

①光标置于一级标题(如:第一章　绪论)前。

②选择“插入”→“页”组→“分页”。

操作 7　其他格式设置

步骤略。

操作 8　保存

步骤略。

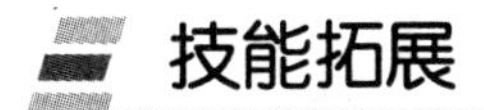

技能拓展

手工编写目录是一件非常麻烦的事情,因为需要指出每一章、节的标题和页码,如果图书内容有了比较大的修改,就往往需要重新修改章、节的标题和页码。在本实训中,所有的章节标题都是套用 Word 预定义的样式“标题 1”、“标题 2”、“标题 3”等,这样就可以利用 Word 提供的插入目录的功能,自动生成目录。具体做法如下:

①选择“引用”→“目录”组→“目录”→“插入目录”命令,打开“目录”对话框。

②如图 3-31 所示,选择“目录”选项卡,勾选中复选框“显示页码”和“页码右对齐”,单击“确定”按钮。

后期如果正文内容有了调整,目录中的内容和页码有可能产生变化,就需要对目录进行更新。在目录内容上右击,出现如图 3-32 所示快捷菜单,选择“更新域”即可。

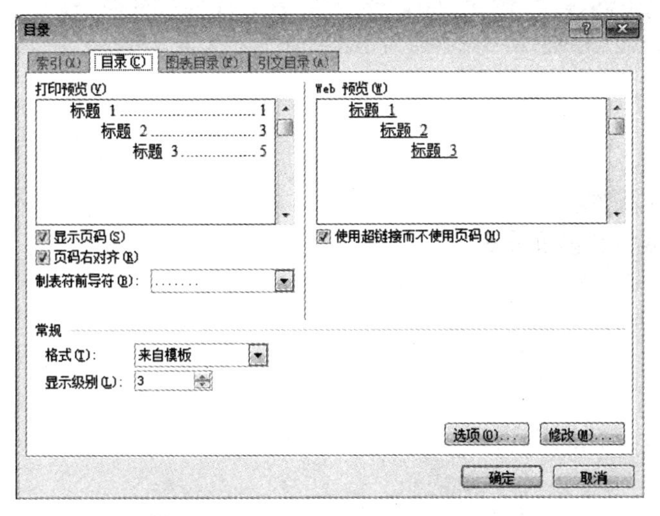

图 3-31　“目录”对话框

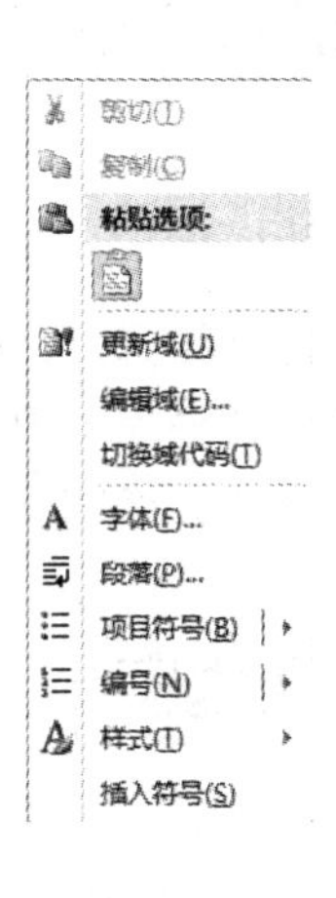

图 3-32　“目录”快捷菜单

第4章 电子表格处理软件 Excel 2010

实训1 制作高三课程表

实训目标

1. 掌握工作簿、工作表的相关操作。
2. 掌握各种类型数据输入、编辑和修改方法。
3. 掌握数据格式化的方法。

实训内容

制作如图 4-1 所示的“高三理科 1 班课程表”。

高三理科1班课程表

2015/7/12

	星期一	星期二	星期三	星期四	星期五
1	语文	英语	英语	生物	语文
2	数学	自习	英语	语文	语文
3	生物	物理	物理	数学	物理
4	化学	化学	化学	数学	化学
5	英语	语文	数学	英语	数学
6	英语	生物	语文	物理	英语
7	物理	数学	语文	自习	生物
8	体育	数学	自习	化学	自习

图 4-1　高三理科 1 班课程表

1. 新建工作簿。
2. 输入标题。
3. 输入内容。
4. 设置格式。
5. 选择性粘贴。
6. 制作表头。

实训步骤

操作 1　新建 Excel 文件

启动 Excel 2010，打开的同时系统默认新建一个工作簿。

工作表重命名：将 Sheet1 工作表更名为“高三理科 1 班”。在 Sheet1 工作表标签上右击，弹出如图 4-2 所示的快捷菜单，选择“重命名”，此刻工作表名会黑亮显示，直接输入“高三理科 1 班”。

操作 2　输入标题

①合并单元格。选取 A1:F1 区域的 6 个单元格，单击“开始”→“对齐方式”组→“合并后居中”按钮，将选取的区域合并成一个单元格并居中显示。

②在合并单元格内输入标题“高三理科 1 班课程表”，如图 4-3 所示。

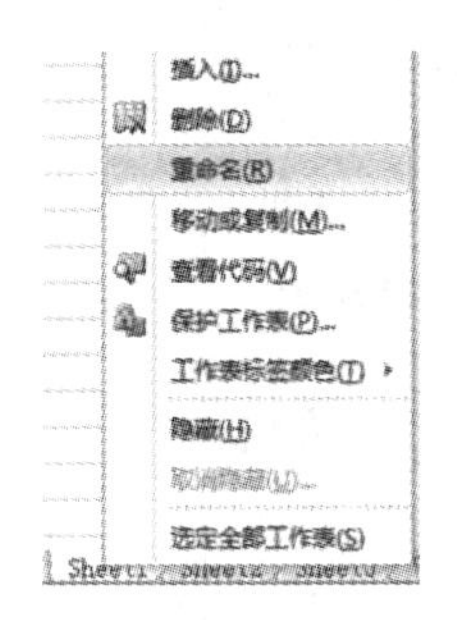

图 4-2　工作表重命名

	A	B	C	D	E	F
1	高三理科1班课程表					
2						
3						
4						
5						

图 4-3　输入标题

操作 3　输入内容

①在 B3 单元格中输入“星期一”，然后利用填充柄向右拖动至 F3 单元格。

②在 A4 单元格中输入“1”，然后按住 Ctrl 不放，利用填充柄向下拖动至 A11 单元格，如图 4-4 所示。

	A	B	C	D	E	F
1	高三理科1班课程表					
2						
3		星期一	星期二	星期三	星期四	星期五
4	1					
5	2					
6	3					
7	4					
8	5					
9	6					
10	7					
11	8					

图 4-4　使用填充柄输入星期、节次

③合并 E2:F2 单元格,用组合键“Ctrl ＋ ;”输入系统当前日期。

④输入表中其他内容,如图 4-5 所示。

	A	B	C	D	E	F
1	高三理科1班课程表					
2					2015/7/12	
3		星期一	星期二	星期三	星期四	星期五
4	1	语文	英语	英语	生物	语文
5	2	数学	自习	英语	语文	语文
6	3	生物	物理	物理	数学	物理
7	4	化学	化学	化学	数学	化学
8	5	英语	语文	数学	英语	数学
9	6	英语	生物	语文	物理	英语
10	7	物理	数学	语文	自习	生物
11	8	体育	数学	自习	化学	自习

图 4-5　输入所有数据

操作 4　设置格式

①设置字体。选中标题,在“开始”→“字体”组点击相应按钮,设置标题字体为“楷体”、“加粗”、“24 号”。选中 A3:F11 区域的单元格,在“开始”→“字体”组点击相应按钮,设置字体大小为“18 号”。若字符属性未显示在“开始”→“字体”组中,则单击“开始”→“字体”组右下角的对话框启动器,打开如图 4-6 所示“设置单元格格式”对话框,做相应设置。

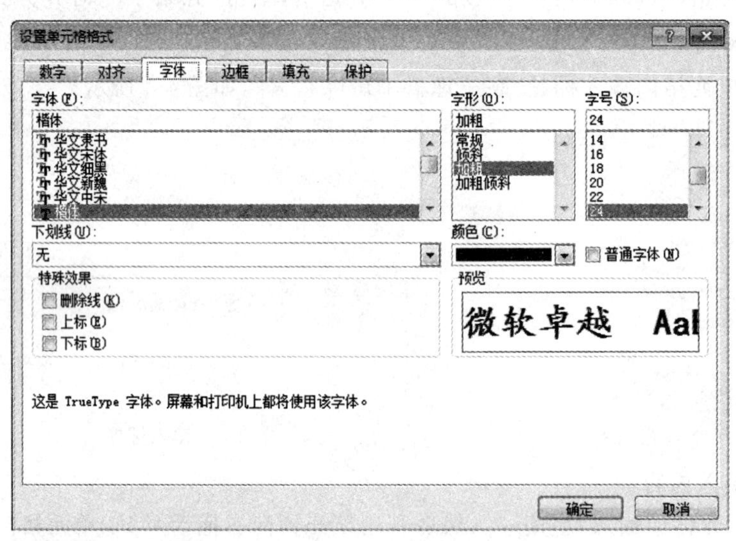

图 4-6　“设置单元格格式/字体”对话框

②调整行高、列宽。设置行高:鼠标右键单击行号“1”,在快捷菜单中选择“行高”,设置为“35”,3～11 行的行高设置为“25”,如图 4-7 左图所示。设置列宽:选取 A～F 列,单击鼠标右键,在弹出的快捷菜单中选择“列宽”,设置为“12”,如图 4-7 右图所示。

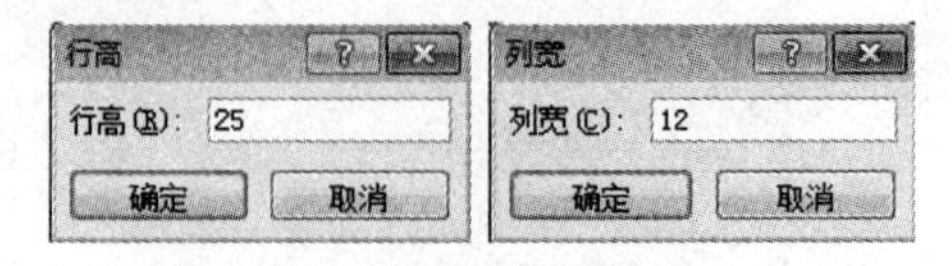

图 4-7　设置行高、列宽

③加边框。选中 A3:F11 区域的单元格,单击“开始”→“字体”组右下角的对话框启动

器，打开“设置单元格格式”对话框，选择“边框”选项卡，在“线条样式”列表框中选取粗线条，单击“外边框”按钮，再在“线条样式”列表框中选取细线条，单击“内部”按钮后确定，如图 4-8 所示。

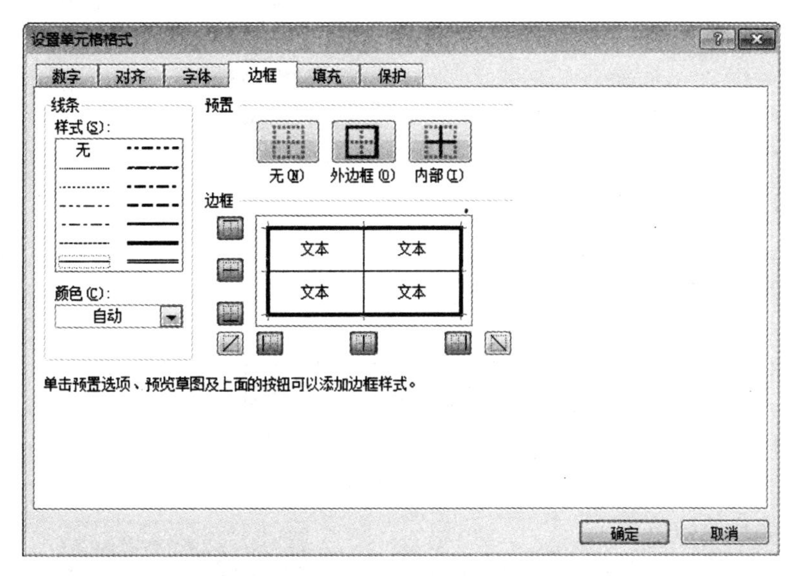

图 4-8　“设置单元格格式/边框”对话框

④设置数据水平、垂直居中。选择 A3:F11 单元格区域，单击“开始”→“字体”组右下角的对话框启动器，打开“设置单元格格式”对话框，选择“对齐”选项卡，进行相应设置，如图 4-9 所示；或分别单击“开始”→“对齐方式”→“居中”水平对齐按钮和“居中”垂直对齐按钮，将该区域中单元格内容设置为水平居中、垂直居中的格式。

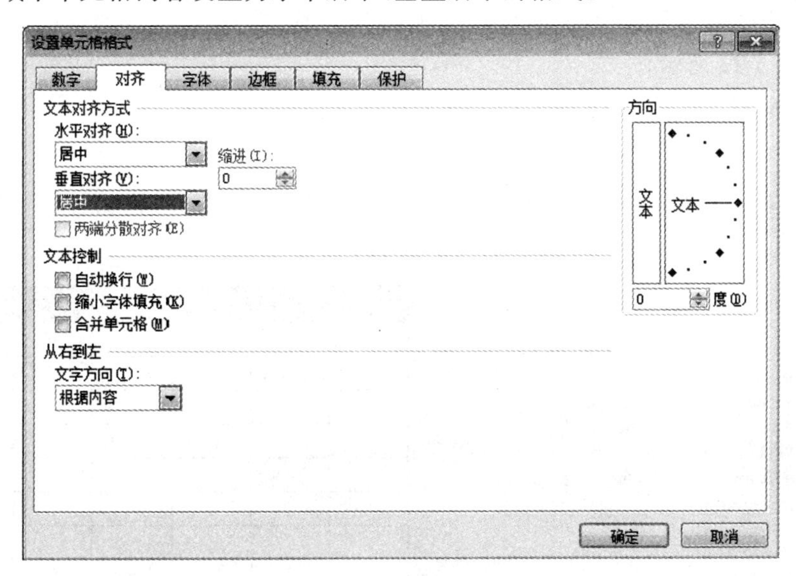

图 4-9　“设置单元格格式/对齐”对话框

⑤设置底纹。选择 A3:F11 单元格区域，单击“开始”→“字体”组右下角的对话框启动

器，打开“设置单元格格式”对话框，选择“填充”选项卡，设置背景色为“黄色”，图案颜色为“红色”，图案样式为“逆对条线条纹”，如图 4-10 所示。

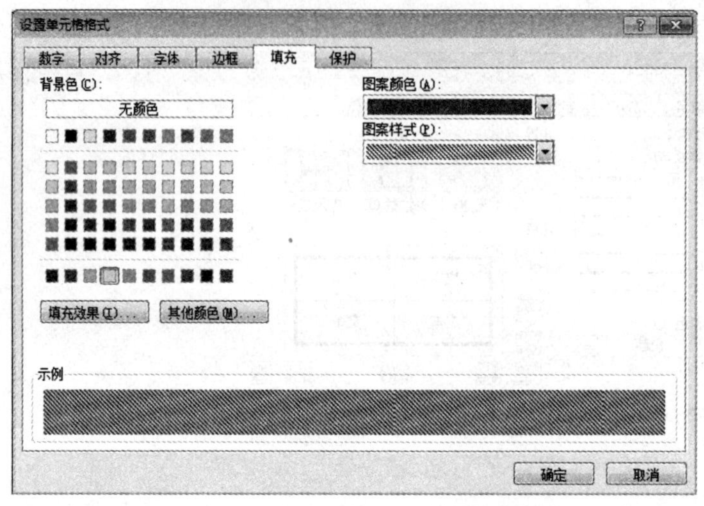

图 4-10　“设置单元格格式/填充”对话框

操作 5　选择性粘贴

①复制单元格区域。选中 A1:F11 单元格区域，鼠标右键单击选择区域，弹出快捷菜单，选择“复制”命令，如图 4-11 所示。

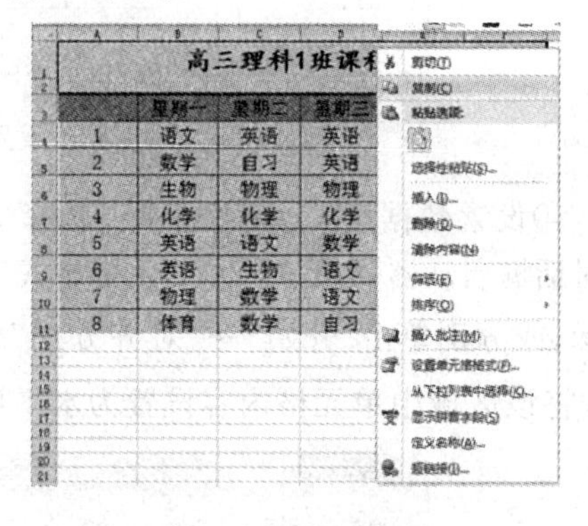

图 4-11　快捷菜单

②选择性粘贴单元格格式。鼠标单击工作簿下方 Sheet2 工作表标签，进入 Sheet2 工作表，鼠标右键单击 A1 单元格，弹出快捷菜单，单击“选择性粘贴”→“格式”按钮%，如图 4-12 所示。粘贴结果如图 4-13 所示。

操作 6　保存

步骤略。

图 4-12　选择性粘贴选项表

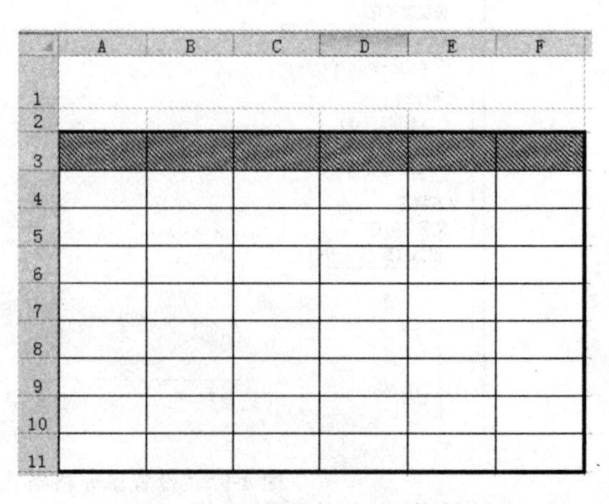

图 4-13　选择性粘贴/格式结果

技能拓展

1. 给表格加边框不但能添加内部边框和外部边框，还可以用于制作斜线表头。

①先合并 A3 单元格，在其中输入“星期”，并将其调整到单元格的右侧，然后按快捷键“Alt＋Enter”换行，输入“节序”，并将文字调整到适当位置。

②用鼠标右键单击表头单元格，在快捷菜单中选择“设置单元格格式”命令，打开“设置单元格格式”对话框，在“边框”选项卡中选择向右的对角线，如图 4-14 所示，效果如图 4-15 所示。

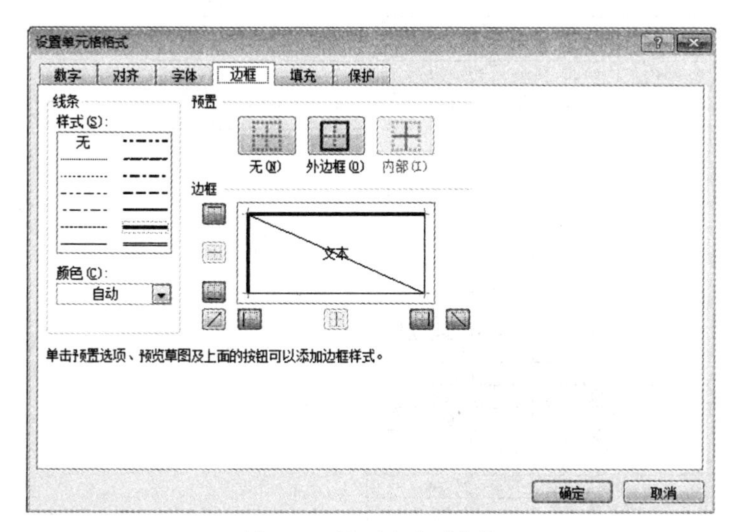

图 4-14　设置表头对角线

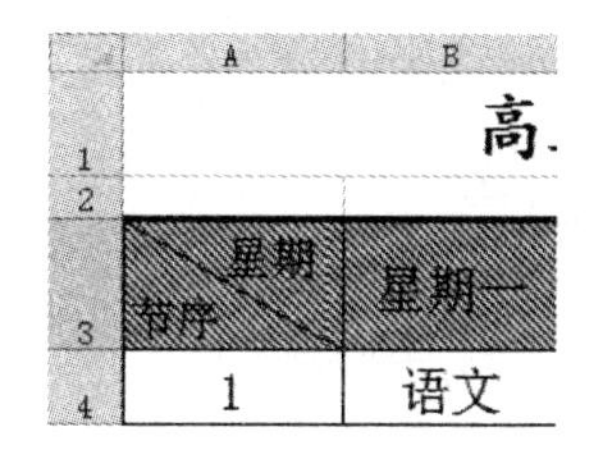

图 4-15　表头效果

2. 选择课程表 A3:F11 区域，复制，到目标地选择不同的选择性粘贴选项效果图，如图 4-16、4-17 所示。

	星期一	星期二	星期三	星期四	星期五
1	语文	英语	英语	生物	语文
2	数学	自习	英语	语文	语文
3	生物	物理	物理	数学	物理
4	化学	化学	化学	数学	化学
5	英语	语文	数学	英语	数学
6	英语	生物	语文	物理	英语
7	物理	数学	语文	自习	生物
8	体育	数学	自习	化学	自习

图 4-16　选择性粘贴/数字效果

	1	2	3	4	5	6	7	8
星期一	语文	数学	生物	化学	英语	英语	物理	体育
星期二	英语	自习	物理	化学	语文	生物	数学	数学
星期三	英语	英语	物理	化学	数学	语文	语文	自习
星期四	生物	语文	数学	数学	英语	物理	自习	化学
星期五	语文	语文	物理	化学	数学	英语	生物	自习

图 4-17　选择性粘贴/转置效果

实训 2　2015 年第二季度产品销售统计表

实训目标

1. 掌握公式的用法。
2. 掌握函数的用法。
3. 掌握绝对地址、相对地址及表间数据的引用方法。

实训内容

制作如图 4-18 所示的“2015 年第二季度电器销售统计表”和图 4-19 所示的“2015 年第二季度电器销售分析表”。

	A	B	C	D	E	F	G	H
1	2015年第二季度电器销售统计表							
2	电器名称	单价（元）	四月	五月	六月	销售总量	销售额	每月平均销售额
3	电视	4500	20	18	25	63	283500	94500
4	冰箱	3000	15	20	24	59	177000	59000
5	洗衣机	2800	30	28	32	90	252000	84000
6	电磁炉	200	40	35	26	101	20200	6733
7	微波炉	600	34	38	35	107	64200	21400
8	电风扇	150	35	42	48	125	18750	6250
9	空调	3200	23	28	36	87	278400	92800
10	热水器	1800	24	20	18	62	111600	37200

图 4-18　2015 年第二季度电器销售统计表

	A	B
1	2015年第二季度电器销售分析表	
2	电器名称	占销售总额比例
3	电视	23.51%
4	冰箱	14.68%
5	洗衣机	20.90%
6	电磁炉	1.68%
7	微波炉	5.32%
8	电风扇	1.56%
9	空调	23.09%
10	热水器	9.26%
11	二季度销售总额	1205650
12		

图 4-19　2015 年第二季度电器销售分析表

1. 输入“统计表”中基本数据，设置单元格格式。
2. 输入“分析表”中基本数据，设置单元格格式。
3. 计算“统计表”中“销售总量”。
4. 计算“统计表”中“销售额”和“平均每月销售量”。
5. 计算“分析表”中“二季度销售总额”。
6. 计算“分析表”中各硬件“占销售总额比例”。

实训步骤

操作 1　输入“统计表”中基本数据，设置单元格格式

①将 Sheet1 工作表更名为“统计表”。合并 A1:H1 单元格并居中对齐，输入标题“2015 年第二季度电器销售统计表”。

②分别输入表中 A2:E12 及 F2、G2、H2 单元格中数据。

③调整 1、2 两行行高为 35，3～12 行行高为 15，A～H 列宽为 10。

④设置标题字形“加粗”，“每月平均销售额”按“Alt＋Enter”快捷键设置换行。

⑤设置所有数据水平、垂直居中，为 A2:H12 单元格设置边框。

操作 2　输入“分析表”中基本数据，设置单元格格式

①将 Sheet2 工作表更名为“分析表”。合并“分析表”中 A1:B1 单元格，输入标题“2015年第二季度硬件销售分析表”，分别输入“分析表”中 A2:A13 及 B2 单元格中数据。

②调整第 1 行行高为 35，3～12 行行高为 15，A、B 列宽为 18。

③设置“分析表”中所有单元格对齐方式为：水平、垂直居中，为 A2:B12 单元格设置边框。

操作 3　计算“统计表”中“销售总量”

①单击“统计表”标签，选中 F3 单元格，单击“公式”→“函数库”→“插入函数”选项，在弹出的“插入函数”对话框中选取“SUM”函数，单击“确定”按钮，如图 4-20 所示。

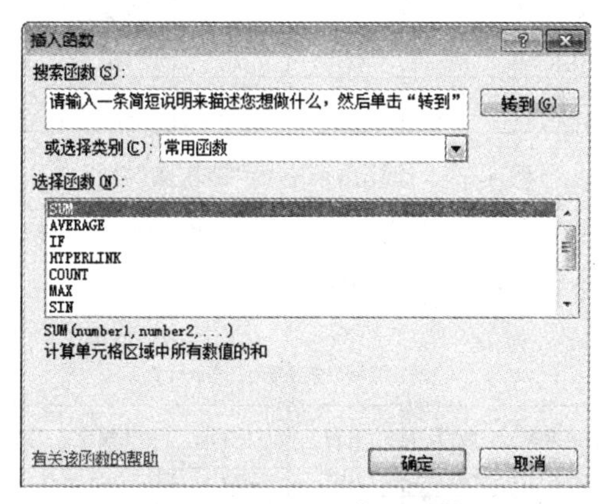

图 4-20　“插入函数”对话框

②在弹出的“函数参数”对话框中，设置 Number1 的参数为 C3:E3，如图 4-21 所示。单击“确定”按钮，计算出销售总量，然后使用填充柄向下填充，计算出所有的销售总量，如图 4-22 所示。

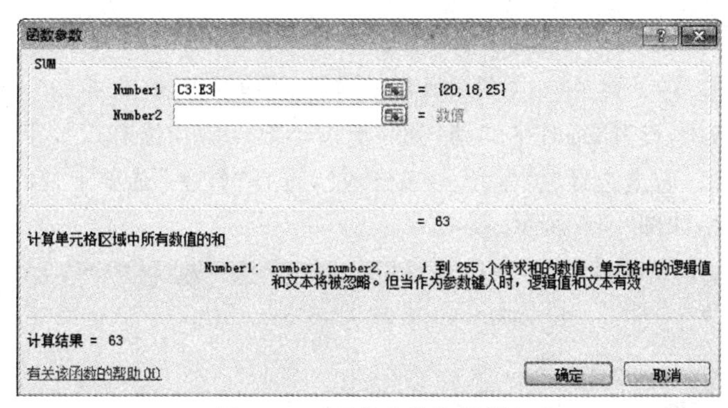

图 4-21　“函数参数”对话框

	A	B	C	D	E	F	G	H
1	2015年第二季度电器销售统计表							
2	电器名称	单价（元）	四月	五月	六月	销售总量	销售额	每月平均销售额
3	电视	4500	20	18	25	63		
4	冰箱	3000	15	20	24	59		
5	洗衣机	2800	30	28	32	90		
6	电磁炉	200	40	35	26	101		
7	微波炉	600	34	38	35	107		
8	电风扇	150	35	42	48	125		
9	空调	3200	23	28	36	87		
10	热水器	1800	24	20	18	62		

图 4-22　填充出所有“销售总量”数据

操作 4　计算“统计表”中“销售额”和“每月平均销售量”

①在 G3 单元格内输入公式“＝B3＊F3”，按 Enter 键，得出结果。然后使用填充柄向下填充，计算出所有销售额，如图 4-23 所示。

2015年第二季度电器销售统计表							
电器名称	单价（元）	四月	五月	六月	销售总量	销售额	每月平均销售额
电视	4500	20	18	25	63	283500	
冰箱	3000	15	20	24	59	177000	
洗衣机	2800	30	28	32	90	252000	
电磁炉	200	40	35	26	101	20200	
微波炉	600	34	38	35	107	64200	
电风扇	150	35	42	48	125	18750	
空调	3200	23	28	36	87	278400	
热水器	1800	24	20	18	62	111600	

图 4-23　计算出所有的“销售额”数据

②在 H3 单元格内，输入公式“＝G3/3”，然后按 Enter 键，得出结果。然后使用填充柄向下填充，计算出所有每月平均销售额，如图 4-24 所示。

2015年第二季度电器销售统计表							
电器名称	单价（元）	四月	五月	六月	销售总量	销售额	每月平均销售额
电视	4500	20	18	25	63	283500	94500
冰箱	3000	15	20	24	59	177000	59000
洗衣机	2800	30	28	32	90	252000	84000
电磁炉	200	40	35	26	101	20200	6733.33333
微波炉	600	34	38	35	107	64200	21400
电风扇	150	35	42	48	125	18750	6250
空调	3200	23	28	36	87	278400	92800
热水器	1800	24	20	18	62	111600	37200

图 4-24　计算出所有的“每月平均销售额”数据

③为了统一格式，设置“每月平均销售额”保留小数点后 0 位有效数字。选取“每月平均销售额”的所有数值，右击选择“设置单元格格式”，选择“数字”选项卡，设置数据类型为“数值”，小数位数 0 位，如图 4-25 所示。

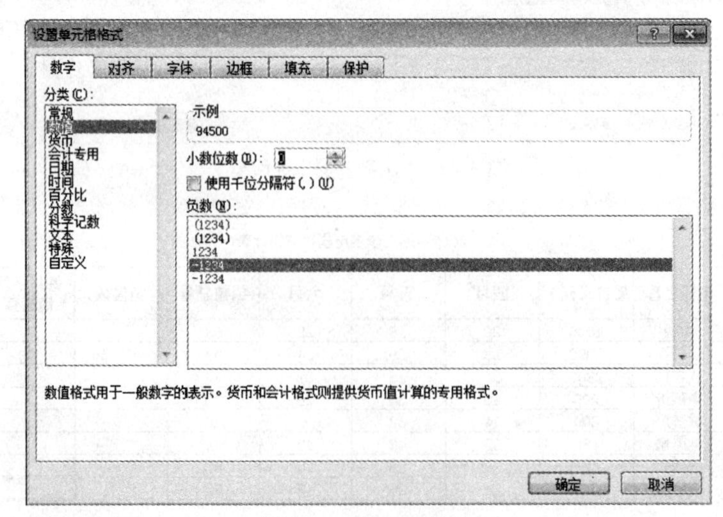

图 4-25　设置小数点

操作 5　计算“分析表”中“二季度销售总额”

①单击“分析表”标签，选中 B13 单元格，单击“公式”→“函数库”→“插入函数”选项，在弹出的对话框中选取“SUM”函数，单击“确定”按钮。

②在弹出的“函数参数”对话框中，单击“折叠”按钮，重新选取求和的区域，方法为：单击“统计表”标签，进入“统计表”，选取表中 G3:G10 单元格。然后再单击后面的“折叠”按钮回到原来的“函数参数”对话框中，如图 4-26 所示，单击“确定”按钮，得出求和结果。

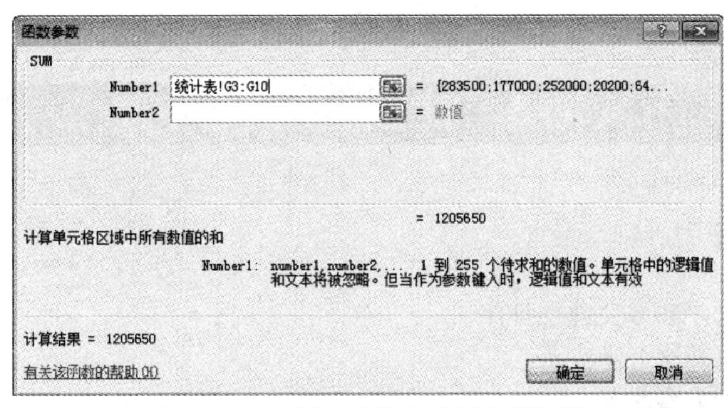

图 4-26　在 SUM 函数中引用表间数据

操作 6　计算“分析表”中各电器“占销售总额比例”

①单击“分析表”标签，选中 B3 单元格，输入“=”，单击“统计表”标签，单击 G3 单元格，在“编辑栏”中输入“/”，再单击“分析表”标签，在“编辑栏”中输入“B11”，如图 4-27 所示。单击编辑上的“输入”按钮，得出数值结果。然后使用填充柄向下填充，计算出其他电器“占销售总额比例”数据。

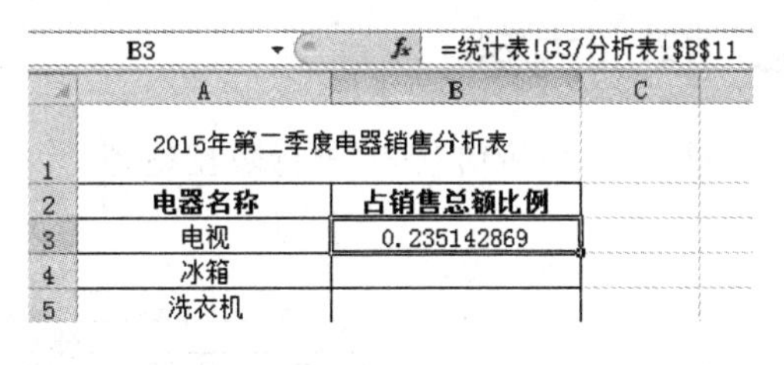

图 4-27　利用绝对地址计算“占销售总额比例”

②选择 B3:B10 单元格，右击选择“设置单元格格式”，选择“数字”选项卡，设置数据类型为“百分比”，小数位数 2 位，如图 4-28 所示。

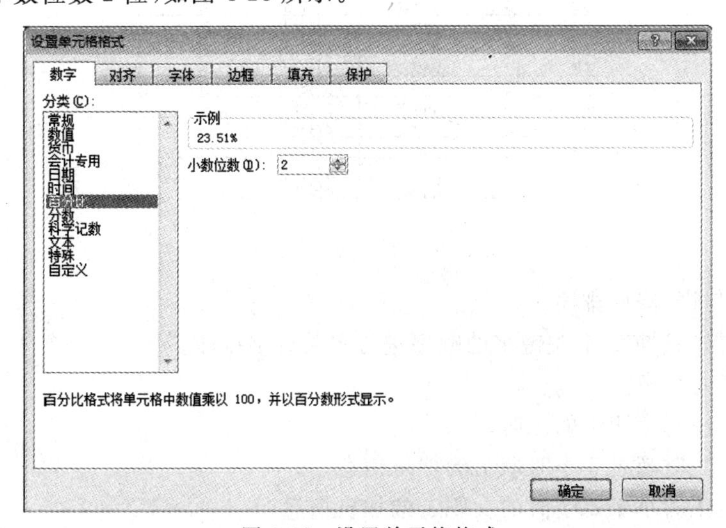

图 4-28　设置单元格格式

技能拓展

在“销售额”或“每月销售额”中，还可以显示出具体的货币符号，例如“￥”、“＄”等。单击“开始”→“数字”→“会计数字格式”下拉按钮，在打开的下拉列表框中选择相应的格式；也可单击“开始”→“字体”工作组右下角的对话框启动器，打开“设置单元格格式”对话框，选择“数字”选项卡中的“分类”列表框中的“货币”类，在对话框的右侧选择相应的货币符号。

实训 3 职工加班信息整理

实训目标

1. 单关键字排序和多关键字排序。
2. 单分类汇总和多分类汇总。
3. 自动筛选和复杂筛选。

实训内容

对“职工加班信息表”进行数据整理。

	A	B	C	D	E	F
1	职工加班信息表					
2	姓名	性别	部门	日期	工时	工资
3	张某	男	销售部	3月6日	4	120
4	王某	女	生产部	3月6日	2	60
5	孙某	男	生产部	3月6日	5	150
6	杨某	男	财务部	3月6日	3	90
7	李某	女	销售部	3月6日	7	210
8	赵某	男	财务部	3月6日	8	240
9	赵某	男	财务部	3月7日	1	30
10	杨某	男	财务部	3月7日	6	180
11	张某	男	销售部	3月7日	4	120
12	王某	女	生产部	3月7日	2	60
13	孙某	男	生产部	3月7日	4	10
14	李某	女	销售部	3月7日	3	90
15	王某	女	生产部	3月8日	5	150
16	张某	男	销售部	3月8日	6	180
17	孙某	男	生产部	3月8日	2	60
18	杨某	男	财务部	3月8日	3	90
19	赵某	男	财务部	3月8日	7	210
20	李某	女	销售部	3月8日	8	240

图 4-29 职工加班信息表

1. 对“工资”进行降序排序。
2. 以“姓名”、“日期”2 个关键字的顺序进行多关键字排序。
3. 按部门汇总工资。
4. 按部门汇总每个职工的工时。
5. 筛选单日工时超过 5 小时职工的加班信息。
6. 筛选单日工时小于 5 小时的女职工的加班信息。

实训步骤

操作 1　单关键字排序

①选中“工资”列的任一单元格。

②单击“数据”→“排序和筛选”→“降序”按钮，完成单关键字排序，如图 4-30 所示。

	A	B	C	D	E	F
1	职工加班信息表					
2	姓名	性别	部门	日期	工时	工资
3	赵某	男	财务部	3月6日	8	240
4	李某	女	销售部	3月8日	8	240
5	李某	女	销售部	3月6日	7	210
6	赵某	男	财务部	3月8日	7	210
7	杨某	男	财务部	3月7日	6	180
8	张某	男	销售部	3月8日	6	180
9	孙某	男	生产部	3月6日	5	150
10	王某	女	生产部	3月8日	5	150
11	张某	男	销售部	3月6日	4	120
12	张某	男	销售部	3月7日	4	120
13	杨某	男	财务部	3月6日	3	90
14	李某	女	销售部	3月7日	3	90
15	杨某	男	财务部	3月8日	3	90
16	王某	女	生产部	3月6日	2	60
17	王某	女	生产部	3月7日	2	60
18	孙某	男	生产部	3月8日	2	60
19	赵某	男	财务部	3月7日	1	30
20	孙某	男	生产部	3月7日	4	10

图 4-30　排序样表

操作 2　多关键字排序

①选择参加排序的数据区域 A2:F20，单击“数据”→“排序和筛选”→“排序”按钮，打开“排序”对话框。

②在“排序”对话框中，主关键字选择“姓名”，排序依据选择“数值”，次序选择“升序”。

③单击“添加条件”按钮，出现次关键字设置的相关选项，次关键字为“日期”，排序依据选择“数值”，次序选择“升序”，如图 4-31 所示。

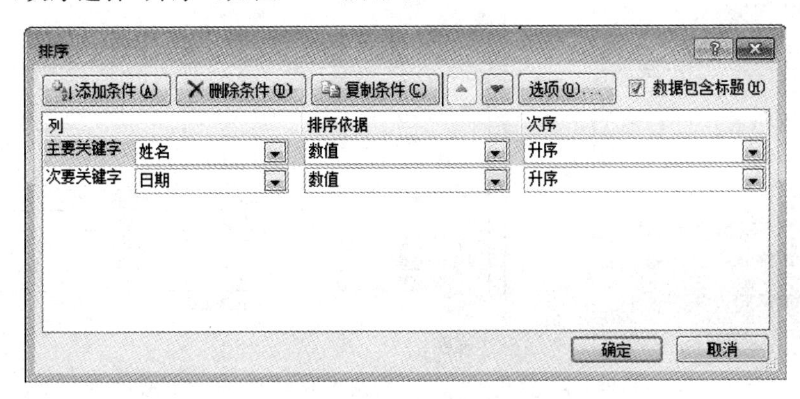

图 4-31　多关键字排序

④单击“确定”按钮，结果如图 4-32 所示。

	A	B	C	D	E	F
1	职工加班信息表					
2	姓名	性别	部门	日期	工时	工资
3	李某	女	销售部	3月6日	7	210
4	李某	女	销售部	3月7日	3	90
5	李某	女	销售部	3月8日	8	240
6	孙某	男	生产部	3月6日	5	150
7	孙某	男	生产部	3月7日	4	10
8	孙某	男	生产部	3月8日	2	60
9	王某	女	生产部	3月6日	2	60
10	王某	女	生产部	3月7日	2	60
11	王某	女	生产部	3月8日	5	150
12	杨某	男	财务部	3月6日	3	90
13	杨某	男	财务部	3月7日	6	180
14	杨某	男	财务部	3月8日	3	90
15	张某	男	销售部	3月6日	4	120
16	张某	男	销售部	3月7日	4	120
17	张某	男	销售部	3月8日	6	180
18	赵某	男	财务部	3月6日	8	240
19	赵某	男	财务部	3月7日	1	30
20	赵某	男	财务部	3月8日	7	210

图 4-32　多关键字排序结果

操作 3　单分类汇总

①对表中数据按“部门”进行升序排序。

②用鼠标单击“数据”→“分级显示”→“分类汇总”按钮，弹出“分类汇总”对话框，如图 4-33所示。

③“分类字段”选择“部门”，“汇总方式”选择“求和”，“选定汇总项”选中“工资”，如图 4-33所示。

④单击“确定”按钮，结果如图 4-34 所示。

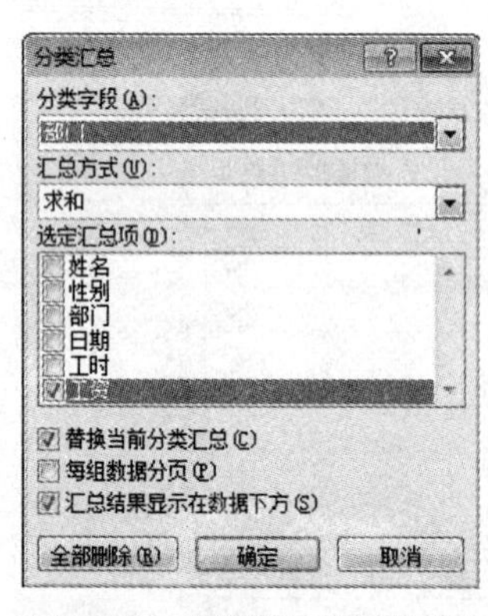

图 4-33　“分类汇总”对话框

	A	B	C	D	E	F
1	职工加班信息表					
2	姓名	性别	部门	日期	工时	工资
3	杨某	男	财务部	3月6日	3	90
4	杨某	男	财务部	3月7日	6	180
5	杨某	男	财务部	3月8日	3	90
6	赵某	男	财务部	3月6日	8	240
7	赵某	男	财务部	3月7日	1	30
8	赵某	男	财务部	3月8日	7	210
9			财务部 汇总			840
10	孙某	男	生产部	3月6日	5	150
11	孙某	男	生产部	3月7日	4	10
12	孙某	男	生产部	3月8日	2	60
13	王某	女	生产部	3月6日	2	60
14	王某	女	生产部	3月7日	2	60
15	王某	女	生产部	3月8日	5	150
16			生产部 汇总			490
17	李某	女	销售部	3月6日	7	210
18	李某	女	销售部	3月7日	3	90
19	李某	女	销售部	3月8日	8	240
20	张某	男	销售部	3月6日	4	120
21	张某	男	销售部	3月7日	4	120
22	张某	男	销售部	3月8日	6	180
23			销售部 汇总			960
24			总计			2290
25						

图 4-34　单“分类汇总”结果

操作 4　嵌套分类汇总

①在操作 3 的基础上再按“姓名”名称进行分类汇总，这时需要取消选择“替换当前分类汇总”，如图4-35所示。

②单击“确定”按钮，结果如图 4-36 所示。

分类汇总
分类字段(A):
姓名
汇总方式(U):
求和
选定汇总项(D):
姓名
性别
部门
日期
工时
工资
替换当前分类汇总(C)
每组数据分页(P)
汇总结果显示在数据下方(S)
全部删除(R)　确定　取消

图 4-35　二次嵌套分类汇总

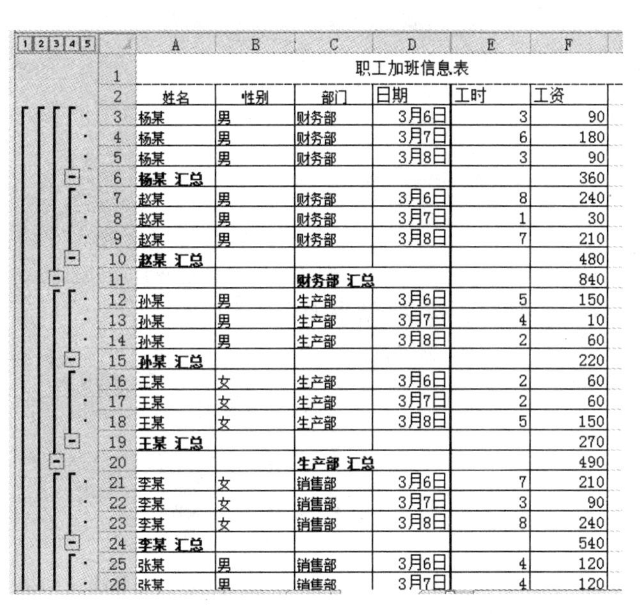

	A	B	C	D	E	F
1	职工加班信息表					
2	姓名	性别	部门	日期	工时	工资
3	杨某	男	财务部	3月6日	3	90
4	杨某	男	财务部	3月7日	6	180
5	杨某	男	财务部	3月8日	3	90
6	杨某 汇总					360
7	赵某	男	财务部	3月6日	8	240
8	赵某	男	财务部	3月7日	1	30
9	赵某	男	财务部	3月8日	7	210
10	赵某 汇总					480
11			财务部 汇总			840
12	孙某	男	生产部	3月6日	5	150
13	孙某	男	生产部	3月7日	4	10
14	孙某	男	生产部	3月8日	2	60
15	孙某 汇总					220
16	王某	女	生产部	3月6日	2	60
17	王某	女	生产部	3月7日	2	60
18	王某	女	生产部	3月8日	5	150
19	王某 汇总					270
20			生产部 汇总			490
21	李某	女	销售部	3月6日	7	210
22	李某	女	销售部	3月7日	3	90
23	李某	女	销售部	3月8日	8	240
24	李某 汇总					540
25	张某	男	销售部	3月6日	4	120
26	张某	男	销售部	3月7日	4	120

图 4-36　二次嵌套分类汇总结果

操作 5　自动筛选

①取消分类汇总，把光标放到表中数据区域，单击“数据”→“排序和筛选”→“筛选”选项。此时，各列标题旁出现下拉按钮，如图 4-37 所示。

	A	B	C	D	E	F
1	职工加班信息表					
2	姓名	性别	部门	日期	工时	工资
3	杨某	男	财务部	3月6日	3	90
4	杨某	男	财务部	3月7日	6	180
5	杨某	男	财务部	3月8日	3	90
6	赵某	男	财务部	3月6日	8	240
7	赵某	男	财务部	3月7日	1	30
8	赵某	男	财务部	3月8日	7	210
9	孙某	男	生产部	3月6日	5	150
10	孙某	男	生产部	3月7日	4	10
11	孙某	男	生产部	3月8日	2	60
12	王某	女	生产部	3月6日	2	60
13	王某	女	生产部	3月7日	2	60
14	王某	女	生产部	3月8日	5	150
15	李某	女	销售部	3月6日	7	210
16	李某	女	销售部	3月7日	3	90
17	李某	女	销售部	3月8日	8	240
18	张某	男	销售部	3月6日	4	120
19	张某	男	销售部	3月7日	4	120
20	张某	男	销售部	3月8日	6	180

图 4-37　自动筛选

②单击“工时”旁的下拉按钮，在弹出的“下拉列表”中选择“数字筛选”选项中“大于”命令。

③在弹出的"自定义自动筛选方式"对话框中，将条件设为大于 5，如图 4-38 所示。

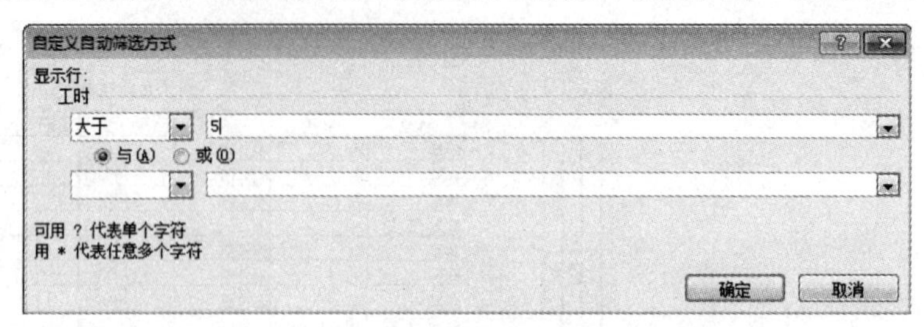

图 4-38 "自定义自动筛选方式"对话框

④单击"确定"按钮，结果如图 4-39 所示。

	A	B	C	D	E	F
1			职工加班信息表			
2	姓名	性别	部门	日期	工时	工资
4	杨某	男	财务部	3月7日	6	180
6	赵某	男	财务部	3月6日	8	240
8	赵某	男	财务部	3月8日	7	210
15	李某	女	销售部	3月6日	7	210
17	李某	女	销售部	3月8日	8	240
20	张某	男	销售部	3月8日	6	180
21						

图 4-39 自动筛选结果

操作 6 高级筛选

①再次单击筛选命令，取消自动筛选。

②在表格外任选一个区域输入工时小于 5 且性别为女的条件，条件在同一行表示"与"的关系，在不同行表示"或"的关系，如图 4-40 所示。

A	B	C	D	E	F	G	H	I
		职工加班信息表						
姓名	性别	部门	日期	工时	工资			
杨某	男	财务部	3月6日	3	90			
杨某	男	财务部	3月7日	6	180		工时	性别
杨某	男	财务部	3月8日	3	90		<5	女
赵某	男	财务部	3月6日	8	240			
赵某	男	财务部	3月7日	1	30			
赵某	男	财务部	3月8日	7	210			
孙某	男	生产部	3月6日	5	150			
孙某	男	生产部	3月7日	4	10			
孙某	男	生产部	3月8日	2	60			
王某	女	生产部	3月6日	2	60			
王某	女	生产部	3月7日	2	60			
王某	女	生产部	3月8日	5	150			
李某	女	销售部	3月6日	7	210			
李某	女	销售部	3月7日	3	90			
李某	女	销售部	3月8日	8	240			
张某	男	销售部	3月6日	4	120			
张某	男	销售部	3月7日	4	120			
张某	男	销售部	3月8日	6	180			

图 4-40 高级筛选的条件区域

③把光标重新放入数据区域内。

④单击"数据"→"排序和筛选"→"高级"选项，弹出"高级筛选"对话框，选择"方式"中"将筛选结果复制到其位置"单选按钮，在"列表区域"中选择参加筛选的数据区域，在"条件区域"中选择条件所在的单元格区域，在"复制到"中确定筛选出数据放置的位置，如图 4-41 所示。

⑤单击"确定"按钮。

图 4-41 "高级筛选"对话框

技能拓展

排序时除了按照升序和降序以外，还可以按照自定义序列进行排序。方法如下：

①单击“数据”→“排序和筛选”→“排序”按钮，打开“排序”对话框，如图 4-42 所示。

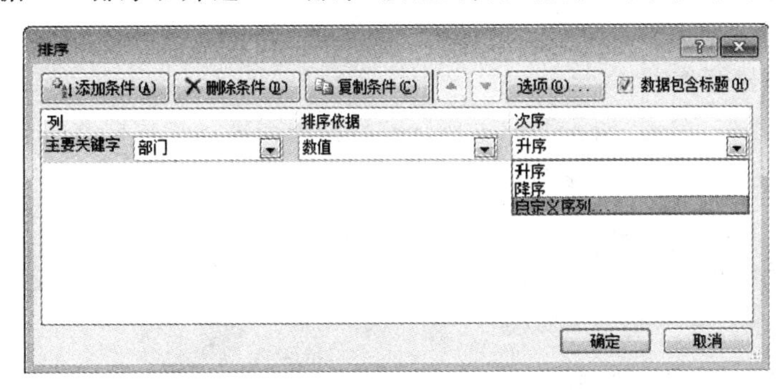

图 4-42　在“排序”对话框中选择“自定义序列”

②在“次序”下列列表框中选择“自定义序列”，打开“自定义序列”对话框，如图 4-43 所示。

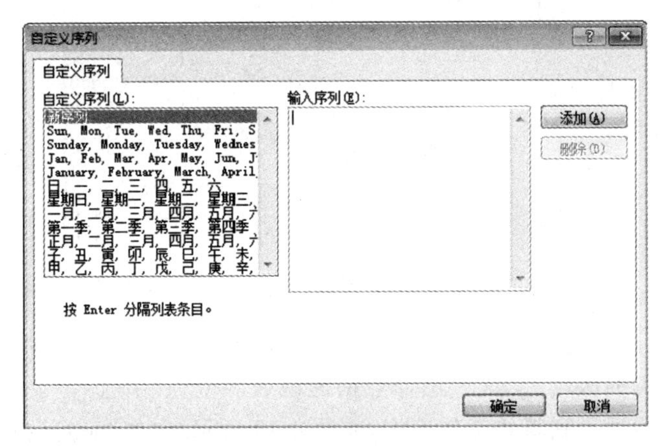

图 4-43　“自定义序列”对话框

③在输入序列栏中输入新序列，点击“添加”按钮，确定即可。

实训 4　商品信息整理

实训目标

1. 数据透视表向导。
2. 数据透视图生成。

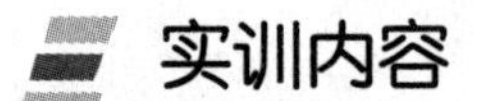

实训内容

利用数据透视表汇总统计每种商品在各个月的销售金额总数。

实训步骤

操作 1 数据透视表

① 选中整张表格，单击“插入”→“表格”→“数据透视表”→“数据透视表”选项，如图4-44所示，打开“创建数据透视表”对话框。

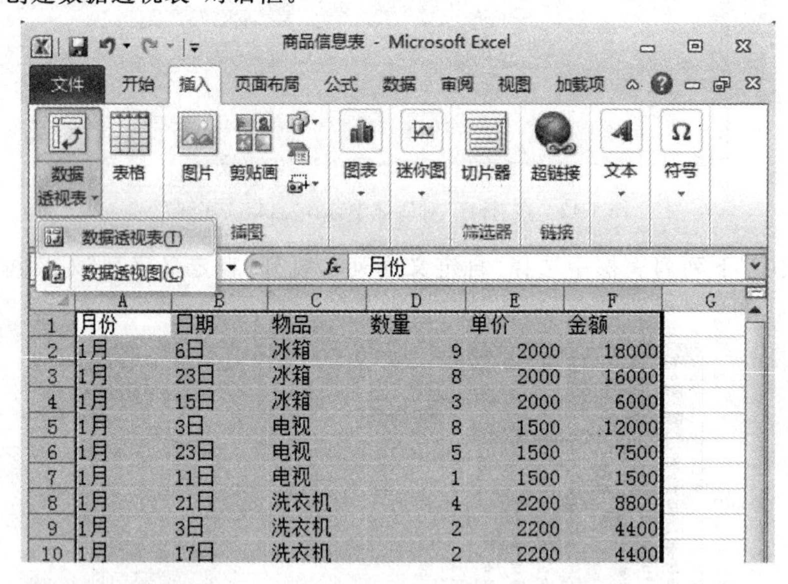

图 4-44 “数据透视表和数据透视图”选项

②在“创建数据透视表”对话框中选择“选择一个表或区域”单选按钮，在“表/区域”文本框中显示出所选数据的区域。再在“选择数据透视表的位置”中选择“新工作表”单选按钮，使插入的数据透视表插入到新的工作表中，如图 4-45 所示，单击“确定”按钮，进入数据透视表编辑页面，如图 4-46 所示。

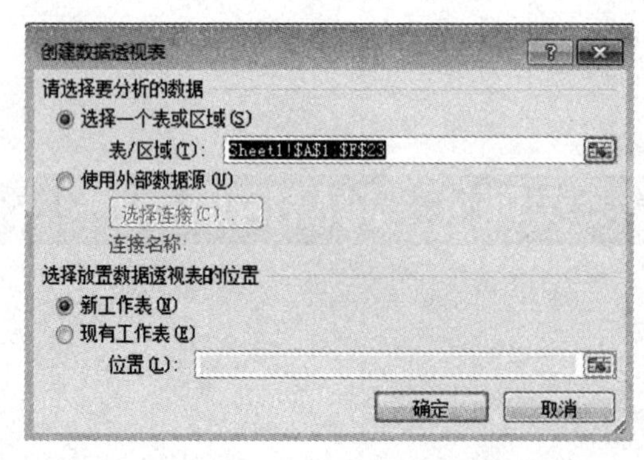

图 4-45 “创建数据透视表”对话框

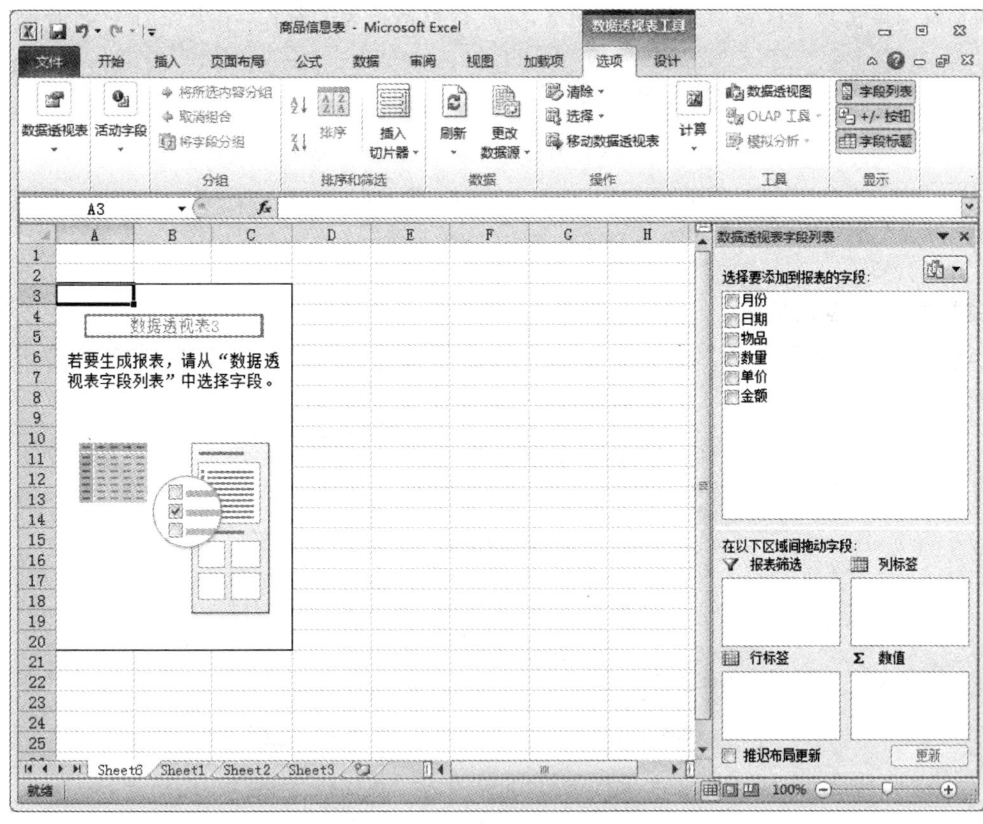

图 4-46　数据透视表的编辑页面

③拖动"数据透视表字段列表"任务窗格中"选择要添加到报表的字段"列表框中"月份"字段到"在以下区域间拖动字段"列表框中的"行标签"区域内，同样的方法将"物品"字段拖动到"列标签"区域内，将"金额"字段拖动到"∑ 数值"区间内，完成数据透视表的布局，如图 4-47所示。

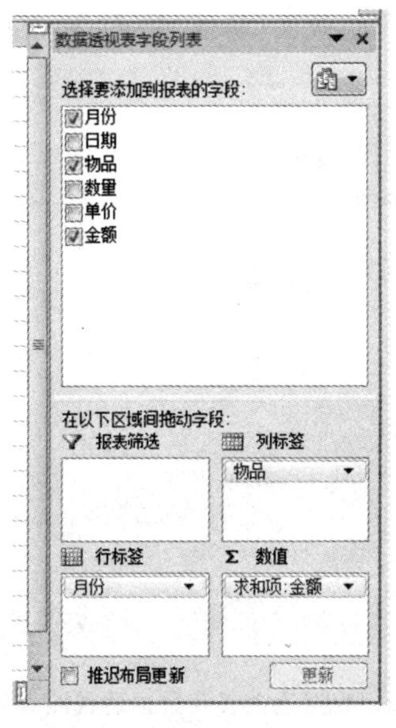

图 4-47　数据透视表的布局

④鼠标单击数据区域中的任一单元格，完成数据透视表的制作，结果如图 4-48 所示。

求和项:金额	列标签			
行标签	冰箱	电视	洗衣机	总计
1月	40000	21000	17600	78600
2月	46000	19500	22000	87500
3月		16500	6600	23100
总计	86000	57000	46200	189200

图 4-48　数据透视表结果

操作 2　数据透视图

①选中整张表格，单击“插入”→“表格”→“数据透视表”→“数据透视图”选项，打开“创建数据透视表及数据透视图”对话框，如图 4-49 所示。

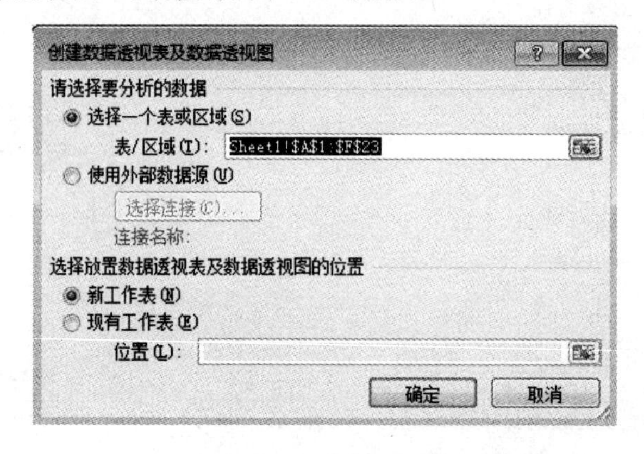

图 4-49　“创建数据透视表及数据透视图”对话框

②单击“确定”按钮，进入数据透视表及数据透视图的编辑页面，如图 4-50 所示。

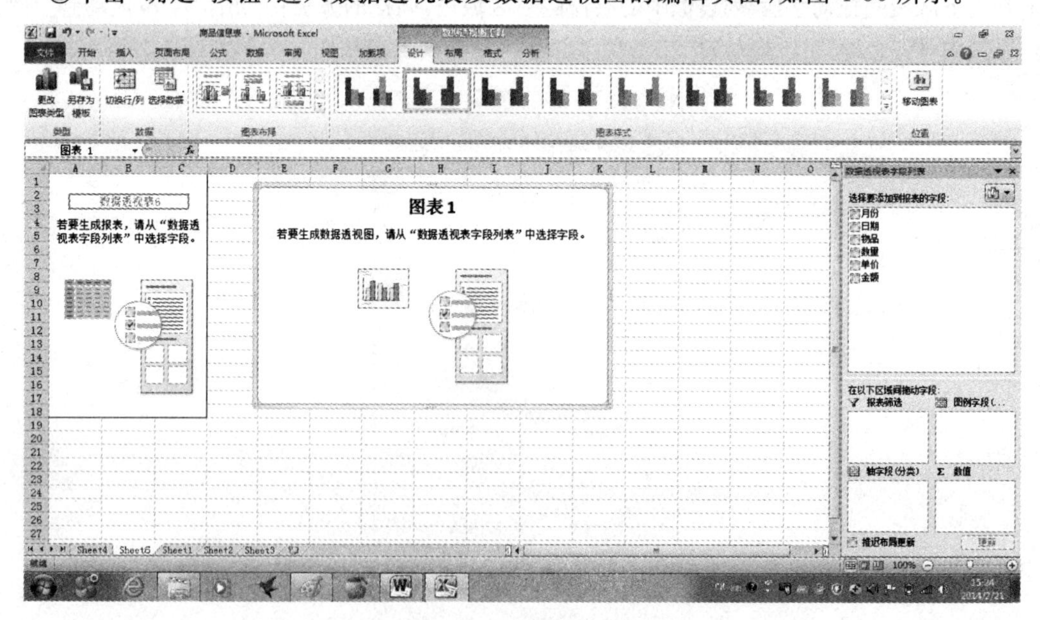

图 4-50　数据透视表及数据透视图编辑页面

③拖动“数据透视表字段列表”任务窗格中“选择要添加到报表的字段”列表框中“月份”字段到“在以下区域间拖动字段”列表框中的“轴字段(分类)”区域内，同样的方法将“物品”字段拖动到“图例字段(系列)”区域内，将“金额”字段拖动到“Σ 数值”区间内，完成数据透视图的布局，如图 4-51 所示。

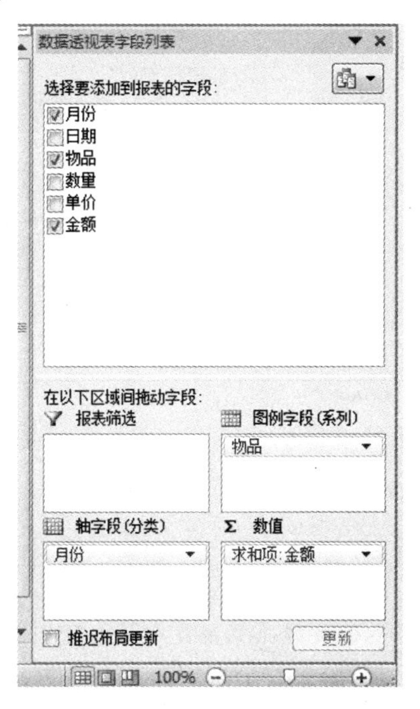

图 4-51　数据透视图的布局

④鼠标单击数据区域中的任一单元格，完成数据透视图的制作。结果如图 4-52 所示。

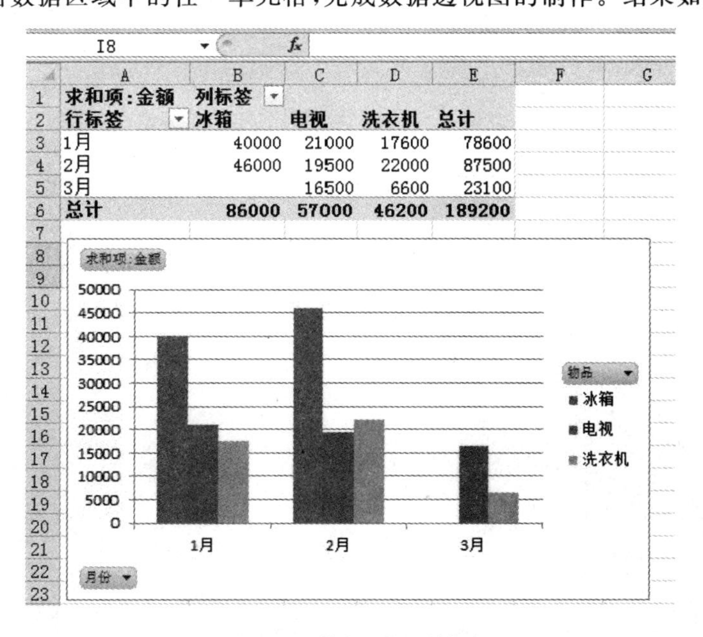

求和项:金额	列标签			
行标签	冰箱	电视	洗衣机	总计
1月	40000	21000	17600	78600
2月	46000	19500	22000	87500
3月		16500	6600	23100
总计	86000	57000	46200	189200

图 4-52　数据透视图结果

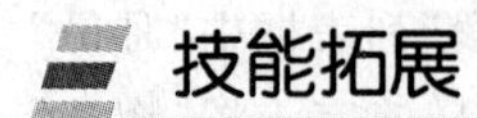

技能拓展

在图 4-53 所示的数据表中，选中“求和项：金额”单元格，单击“选项”→“计算”→“按值汇总”下拉按钮，在弹出的下拉菜单中选择“平均值”选项，则数据透视表中的金额的和即换成了金额的平均值。

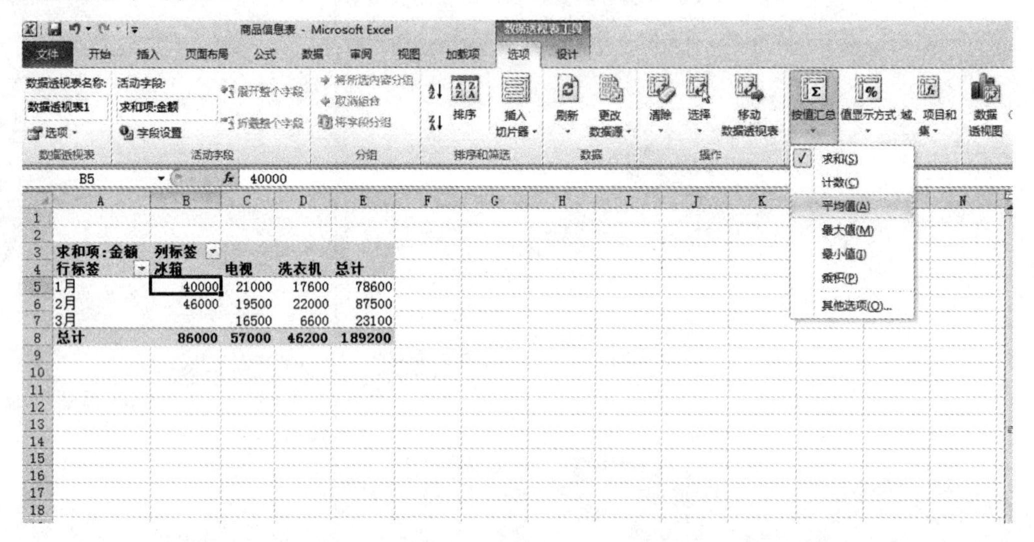

图 4-53 “数据透视表”统计类型修改

第5章

演示文稿软件 PowerPoint 2010

实训1 计算机知识测试节目

实训目标

1. 掌握 PowerPoint 演示文稿的创建与保存。
2. 掌握主题的使用方法。
3. 学会编辑演示文稿。

实训内容

制作如图 5-1 所示的“计算机知识测试节目”演示文稿。

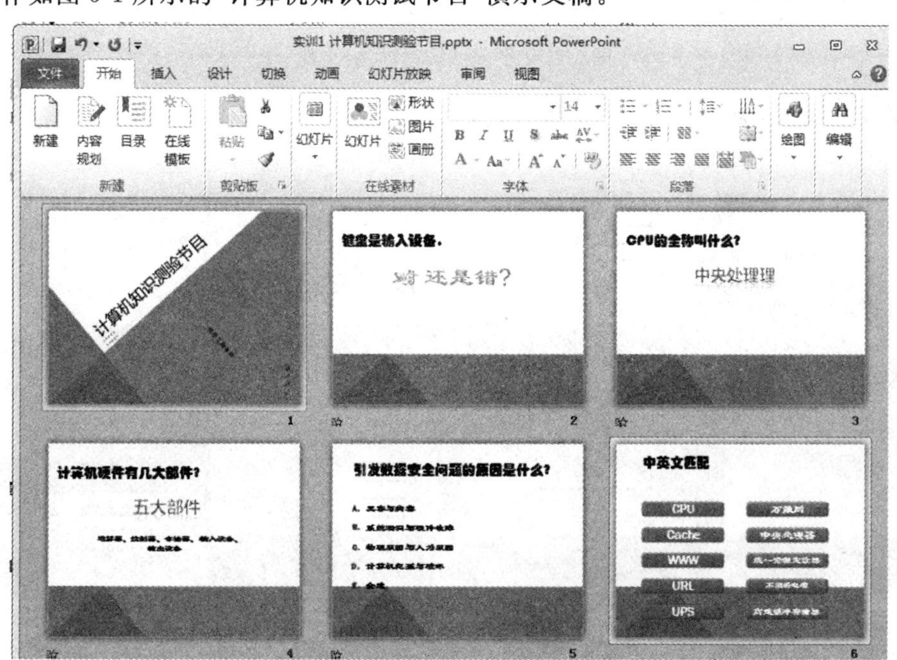

图 5-1 计算机知识测试节目

1. 利用模板建立演示文稿。
2. 编辑内容。
3. 保存文稿。

实训步骤

操作 1 建立演示文稿

选择“文件”→“新建”→“样本模板”→“小测试短片”新建文稿，含 8 张幻灯片，有统一的模板、每张幻灯片建议包含的内容、动画和切换效果等，如图 5-2 所示。

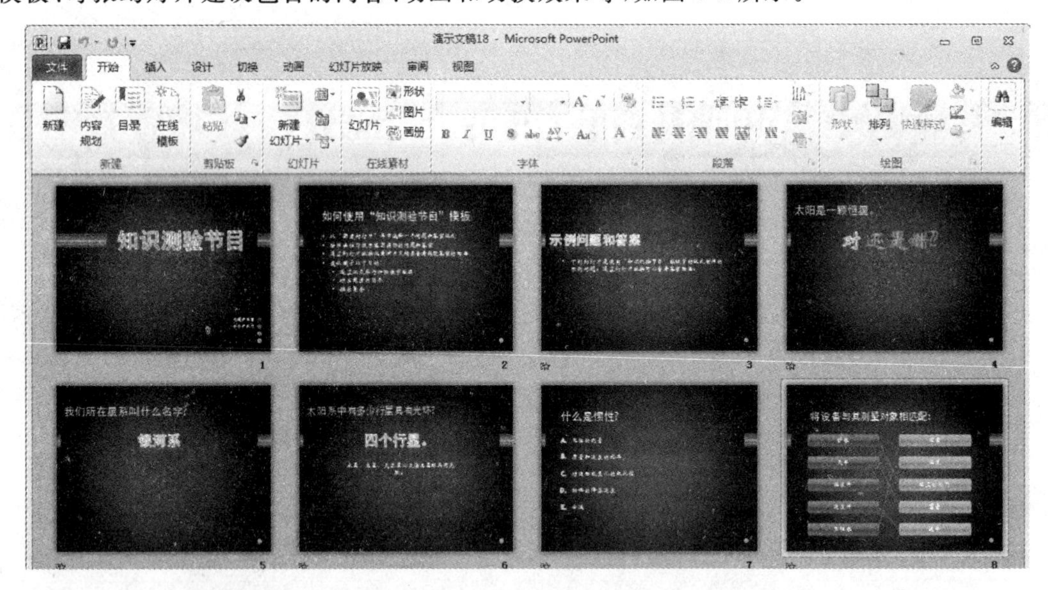

图 5-2 “小测试短片”模板文件

操作 2 修改主题

选择“设计”→“主题”组→“角度”主题，效果如图 5-3 所示。

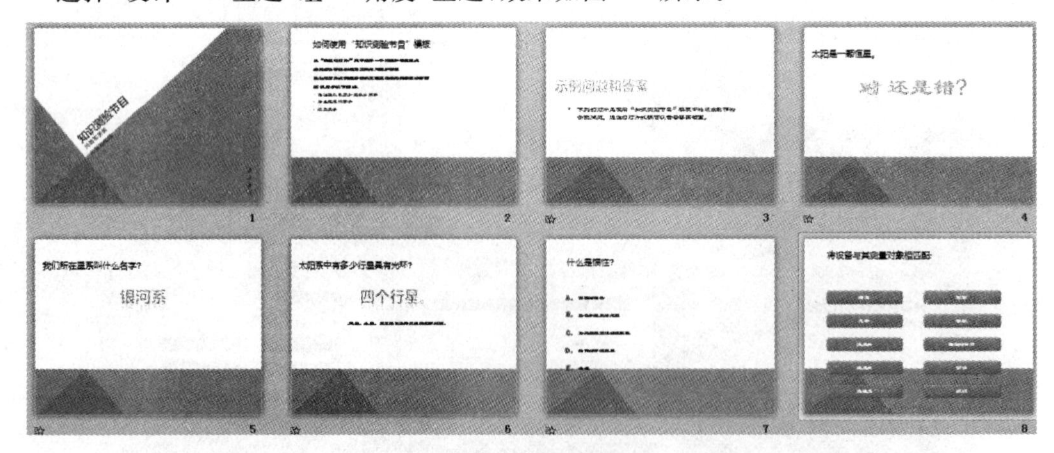

图 5-3 更改主题效果

操作3　幻灯片操作

删除第2、3张幻灯片。

操作4　编辑内容

将第1张幻灯片标题改为“计算机知识测试节目”;第2张幻灯片中题目改为“键盘是输入设备”……

操作5　美化幻灯片

在标题页插入文本框“信息工程学院”,旋转角度,移动到适当位置。

将幻灯片中字体大小做调整。

操作6　文档保存

单击“文件”→“保存”,由于是新建文档第1次保存,所以会打开“另存为”对话框,如图5-4所示,在弹出的对话框里选择保存的位置,保存类型,输入文档名称,单击“保存”按钮确定。

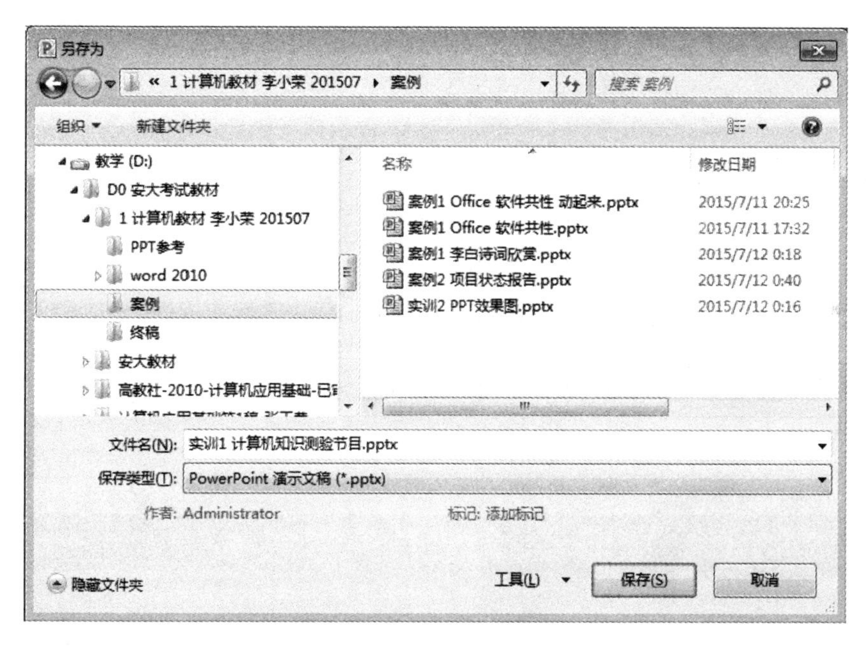

图5-4　“另存为”对话框

技能拓展

演示文稿软件PowerPoint 2010与文字处理软件Word 2010一样,也可以设置文件加密。加密方法如图5-5所示。

Windows系统下大多数软件都是界面类似,操作风格类似,所以不妨将学到的各类知识尝试用到不同软件中。

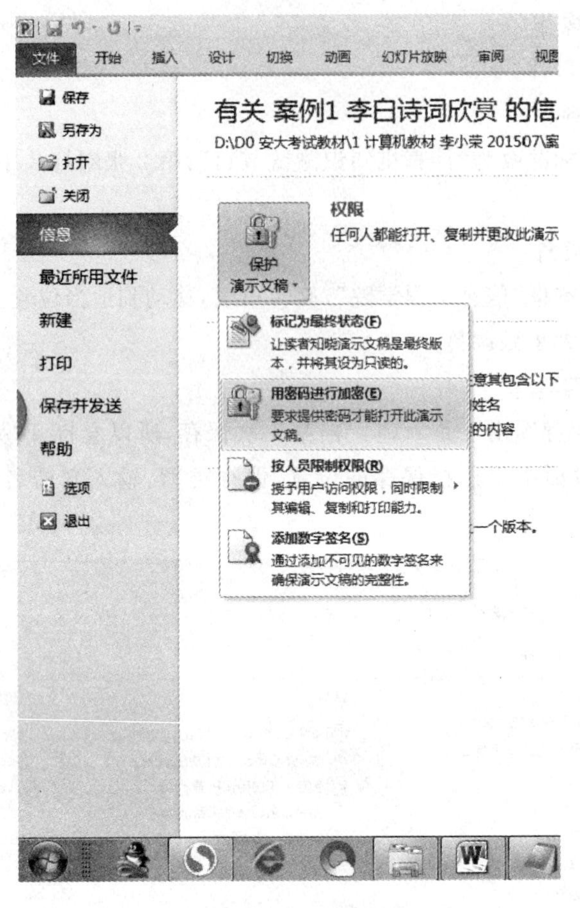

图 5-5　演示文稿设置加密

实训 2　幻灯片效果演示

实训目标

1. 掌握文本框等对象属性设置方法。
2. 掌握文本框等对象动画、幻灯片切换的设置方法。
3. 掌握幻灯片中插入影片和声音的方法。

实训内容

制作如图 5-6 所示的“幻灯片演示效果”文档。

1. 设置文本框对象动画。
2. 在幻灯片中插入影片和声音。

3. 设置幻灯片切换。

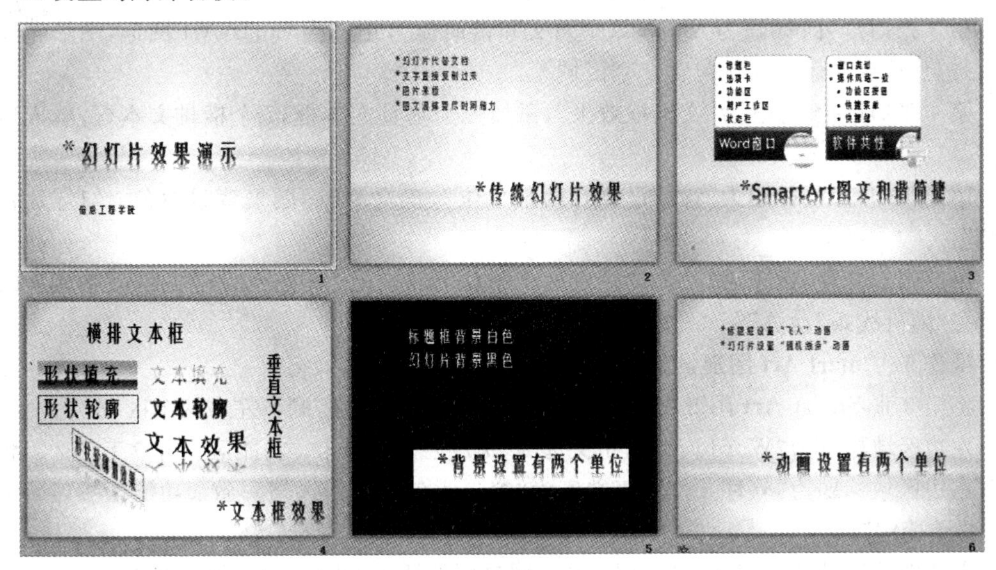

图 5-6 “幻灯片演示效果”文档

实训步骤

操作 1　建立空白演示文稿

选择“文件”→“新建”→“空白文档”，新建空白演示文稿。

操作 2　设置主题

选择“设计”→“主题”组→“气流”主题。

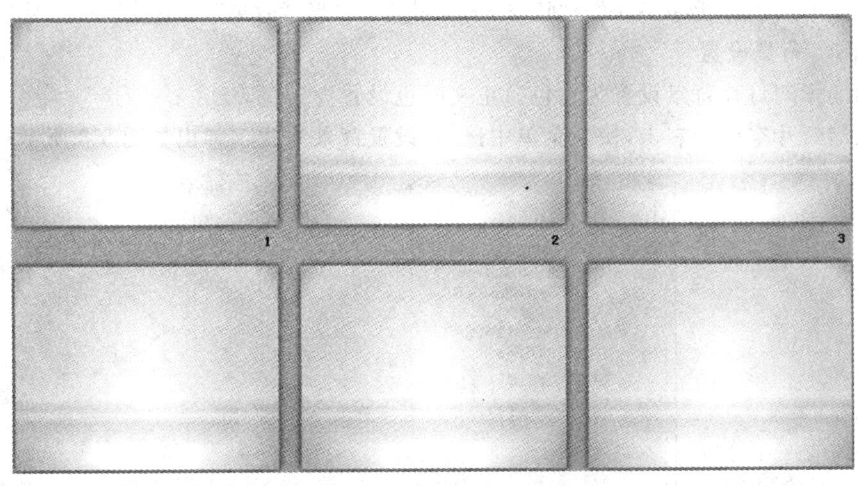

图 5-7　6 张空白幻灯片

操作 3　添加 5 张幻灯片

效果如图 5-7 所示。

操作 4　填入内容

第 1 张幻灯片：标题为“幻灯片效果演示”，副标题为“信息工程学院”。

第 2 张幻灯片：标题为“传统幻灯片效果”，正文为四排文字“幻灯片代替文档↵文字直接复制过来↵图片呆板↵图文混排费尽时间精力”。

第 3 张幻灯片:标题为“SmartArt 图文和谐简捷”,正文为 SmartArt 图形,图形布局为“蛇形图片重点列表”,默认包含 3 个区域。

第 4 张幻灯片:标题为“文本框效果”,添加 1 个垂直文本框,7 个横排文本框,填入适当文字。

第 5 张幻灯片:标题为“背景设置有两个单位”,正文为“标题框背景白色↵幻灯片背景黑色”。

第 6 张幻灯片:标题为“动画设置有两个单位”,正文为“标题框设置“飞入”动画↵幻灯片设置“随机线条”动画”。

操作 5　Smart Art 图形设置

将第 3 张 Smart Art 图形中 3 个区域最后一个区域删除,剩下左右两个区域。

左边区域标题为“Word 窗口”,正文区为“标题栏↵选项卡↵功能区↵用户工作区↵状态栏”;右边区域标题为“软件共性”,正文区为“窗口类似↵操作风格一致↵功能区按钮↵快捷菜单↵快捷键”。

左边图片区域插入 Word 窗口图;右边图片区域插入 Office 窗口组合图。

操作 6　文本框设置

①将第 4 张幻灯片中 8 个文本框按效果图排列好。

②左边 3 个横排文本框分别添加文本框的“形状填充”→“渐变”→“其他渐变”→“漫漫黄沙”、“形状轮廓”→“红色”、“形状轮廓”→“红色”+“形状效果”→“映像”→“半映像”+“形状效果”→“三维旋转”→“离轴 1 左”。

③右边 3 个横排文本框分别添加文本的“文本填充”→“渐变”→“其他渐变”→“漫漫黄沙”、“文本轮廓”→“红色”、“形状效果”→“映像”→“半映像”+“形状效果”→“转换”→“正 V 形”。

操作 7　背景设置

①第 5 张幻灯片背景设置为白色。正文颜色设置为白色。

②在幻灯片空白处右击,快捷菜单中选择“设置背景格式”,弹出如图 5-8 所示对话框。

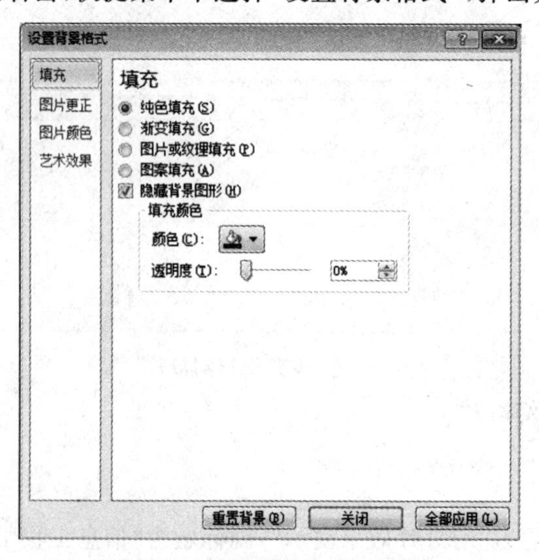

图 5-8　“设置背景格式”对话框

③选择“纯色填充”，颜色选择“黑色”，勾上“隐藏背景图形”。

④确定。

操作 8　动画设置

①第 6 张幻灯片标题框设置“飞入”动画。

②幻灯片设置“随机线条”动画。

操作 9　插入背景音乐

在第 1 张幻灯片中插入背景音乐“Just The Way You Are. mp3”，设置为全程播放。

操作 10　保存

步骤略。

技能拓展

自定义动画除了上面介绍的效果以外，还可以使用动作路径，使选定的对象按照动作路径运动。

幻灯片的切换时间设置除了在设置幻灯片切换方式时选择每隔指定的时间外，还可以使用排练计时。设置方法为选项卡“动画”→“计时”窗格，如图 5-9 所示。在其中显示的是对象的播放时间。

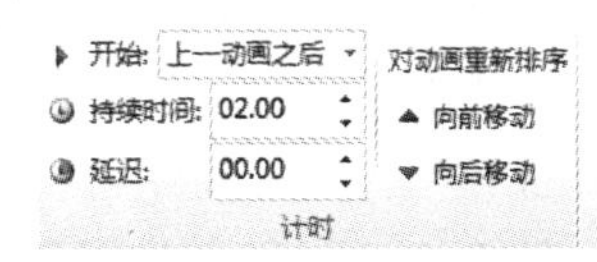

图 5-9　“计时”窗格

实训 3　Office 软件共性

实训目标

1. 掌握幻灯片超级链接的设置方法。
2. 掌握幻灯片放映方式的设置。
3. 掌握打包幻灯片的方法。

实训内容

制作如图 5-10 所示的 Office 软件共性演示文稿。

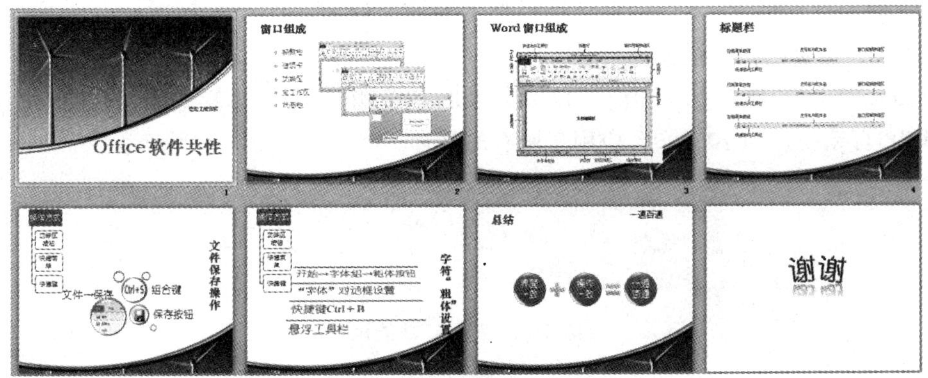

图 5-10　Office 软件共性

1. 设置超级链接。

2. 设置幻灯片放映方式。

3. 打包幻灯片。

实训步骤

操作 1　建立空白演示文稿

用“文件”→“新建”→“空白文档”方法新建全新空白演示文稿。

操作 2　设置模板

选择“设计”→“在线模板”组→“模板库”中的第 1 个模板。

操作 3　添加 7 张幻灯片

步骤略。

操作 4　填入内容

第 5、6、7 张幻灯片用到 Smart Art 图形功能。

第 8 张幻灯片为空白版式插入艺术字。

操作 5　设置超级链接

选择第 7 张幻灯片中的“界面相似”文字，右键选择“超链接”，弹出如图 5-11 所示“插入超链接”对话框，选择“本文档中的位置”→“2. 窗口组成”，确定。

选择第 7 张幻灯片中的“操作一致”文字，添加超链接到第 5 张幻灯片。

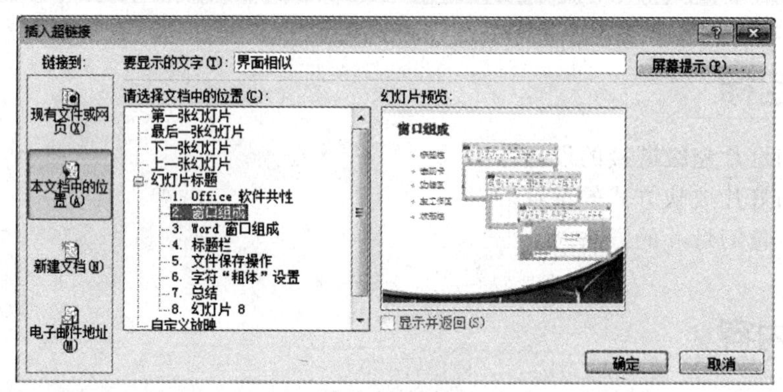

图 5-11　“插入超链接”对话框

操作 6　设置幻灯片的切换方式

选择选项卡“切换”，打开如图 5-12 所示“切换”功能区，设置切换效果为“随机线条”；换片方式为“自动换片 00:05.00”，应用于所有幻灯片。

图 5-12　“切换”功能区

操作7　设置幻灯片的放映方式

①选择选项卡“幻灯片放映”→“设置放映方式”命令，弹出如图5-13所示的对话框。

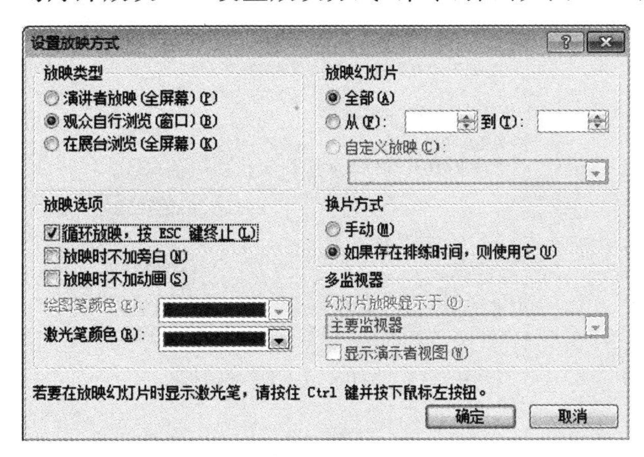

图5-13　“设置放映方式”对话框

②按图中所示设置各项即可。

操作8　另存为.wmv格式

选择选项卡“文件”→“另存为”，在如图5-14所示的文件类型下拉列表中选择“Windows Media视频(＊.wmv)”格式。

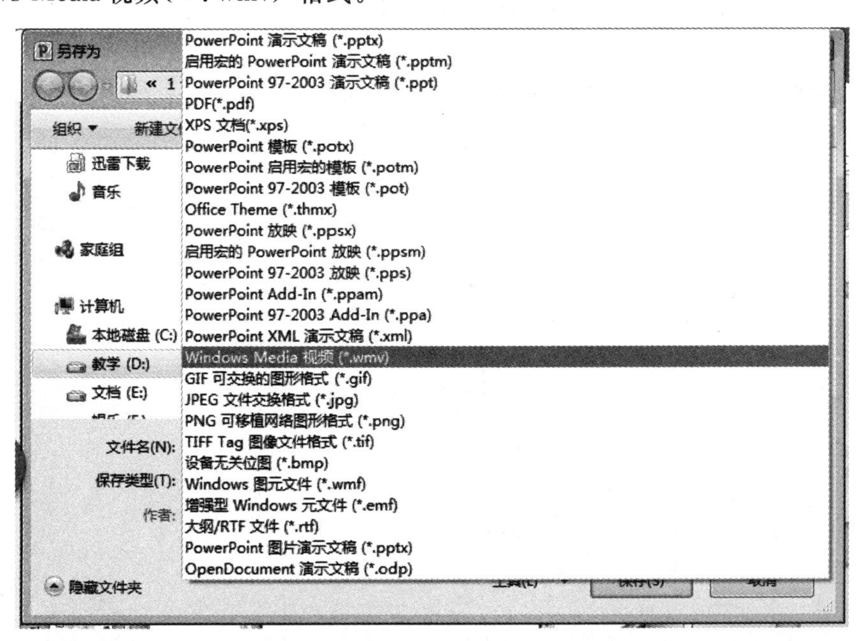

图5-14　PPT“另存为”对话框中文件类型下拉列表

操作9　打包幻灯片

①选择选项卡“文件”→“保存并发送”→“将演示文稿打包成CD”命令，弹出如图5-15所示的对话框。

②单击“复制到文件夹”按钮，在弹出的对话框中输入文件夹名称和位置，单击“确定”按钮即可。

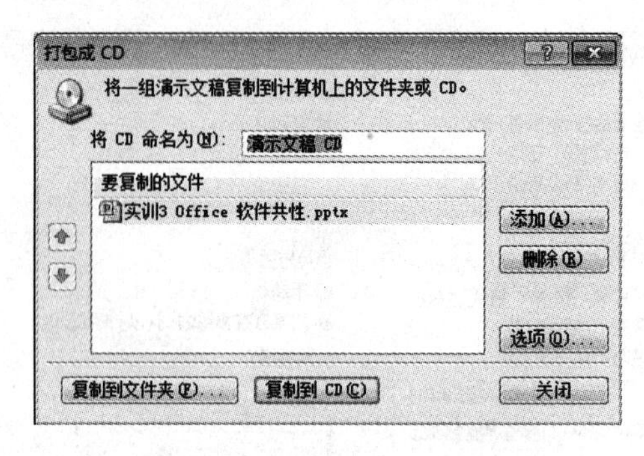

图 5-15 “打包成 CD”对话框

技能拓展

除了系统自带的动作按钮和文本可设置超链接外，其他的对象如图形、图片也可以设置超链接，设置的方法和文本超链接的设置方法一样。

体验以下操作的不同之处：

①超链接应用于“框中文字”、“文本框”的不同之处。

②“渐变”→“其他渐变”→“漫漫黄沙”填充效果应用于“框中文字”、“文本框”、“幻灯片”的不同之处。

③动画效果“随机线条”应用于“文本框”、“幻灯片”、“所有幻灯片”的不同之处。

第6章 计算机网络

实训1 设置 Internet Explorer 的属性

实训目标

掌握 Internet Explorer 10(以下简称 IE)浏览器的设置方法。

实训内容

1. 常规选项的设置。
2. 安全选项的设置。
3. 内容选项的设置。

实训步骤

设置 IE 浏览器的各项属性,首先必须打开“Internet 属性”对话框,右击桌面上的 Internet Explorer 快捷图标,或在启动 IE 后选择“工具”→“Internet 选项”,弹出如图 6-1 所示的对话框。

操作 1 “常规”选项的设置

在“Internet 属性”对话框中单击“常规”标签,如图 6-1 所示,在此可进行“常规”选项的各项设置,具体操作如下:

①设置“主页”:在地址框中输入一个访问最频繁的网址,如“http://www.hao123.com”,IE 就会把该网页作为主页保存起来,以后只要启动 IE 时就会首先打开此网页。

②设置“浏览历史记录”:单击“删除”按钮,弹出如图 6-2 所示的对话框,选中“临时 Internet 文件和网站文件”、“Cookie 和网站数据”和“历史记录”,单击“删除”按钮,可删除访问 Internet 时产生的临时文件、文件夹和历史记录。

③设置“历史记录”天数:单击图 6-1 中的“设置”按钮,在弹出对话框中选择“历史记录”标签,如图 6-3 所示,在“在历史记录中保存网页的天数”中输入“20”,单击“确定”按钮,则已

访问过的网页将被保存在临时文件夹中，20 天后被自动清除。

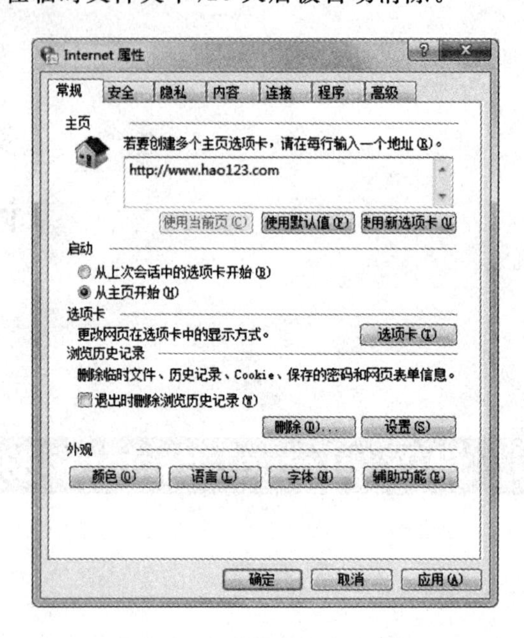

图 6-1 “Internet 属性”对话框

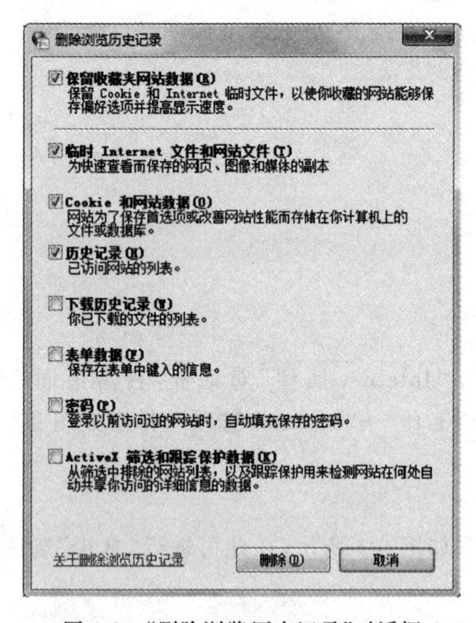

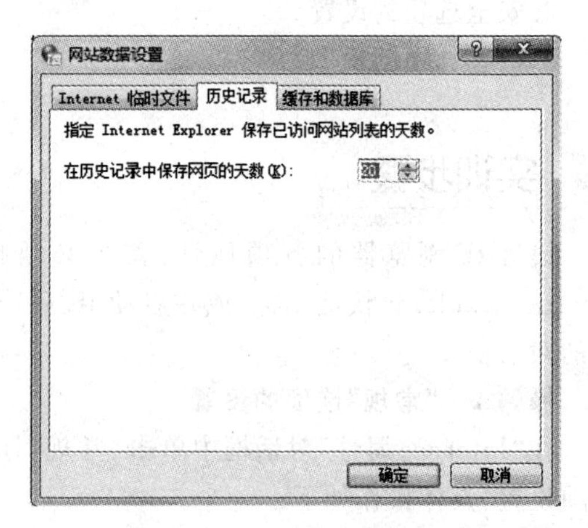

图 6-2 “删除浏览历史记录”对话框　　图 6-3 “历史记录设置”对话框

操作 2 “安全”选项的设置

在图 6-1 中，单击“安全”标签，弹出如图 6-4 所示的对话框，在此可进行“安全”选项的各项设置，具体操作如下：

①设置“安全级别”：通过调节滑块，可设置访问 Internet 时的安全级别。当然也可以通过“自定义级别”来设置安全级别。

提示：安全级别一般不要设置太高，否则许多网站在访问时将被受限。

②设置“受限站点”：选中“受限制的站点”图标，单击“站点”按钮，弹出如图 6-5 所示对话框。

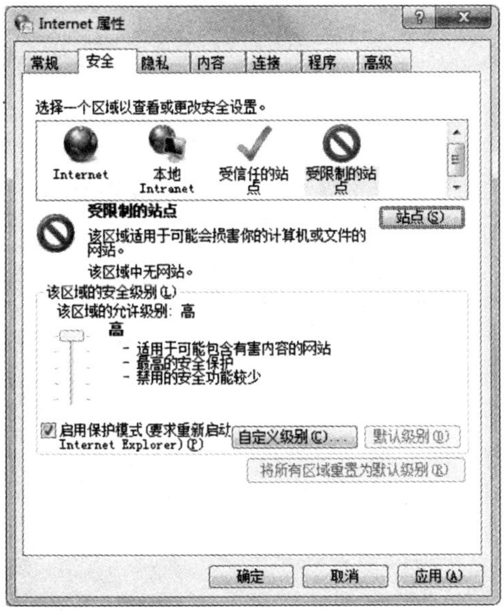

图 6-4 “安全”选项卡

图 6-5 添加“受限站点”

③在文本框中输入被限制的站点，如“http：//www.ptal.com”，单击“添加”按钮，则该网站被设置成受限网站，在访问时将被限制。单击“关闭”按钮，返回如图 6-4 所示对话框。

④单击“确定”按钮，即可完成上述设置。

操作 3 “内容”选项设置

在图 6-1 中，单击“内容”标签，弹出如图 6-6 所示的对话框，在此可进行“内容”选项的各项设置，具体操作如下：

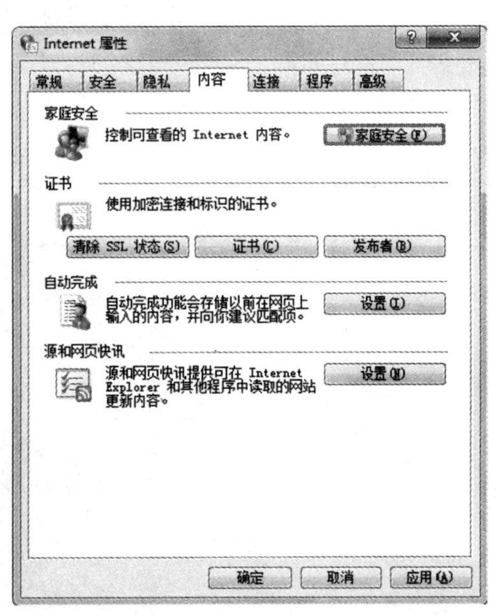

图 6-6 “内容”选项卡

①设置“家长控制”:在图 6-6 中,单击“家庭安全”按钮,弹出如图 6-7 所示对话框。

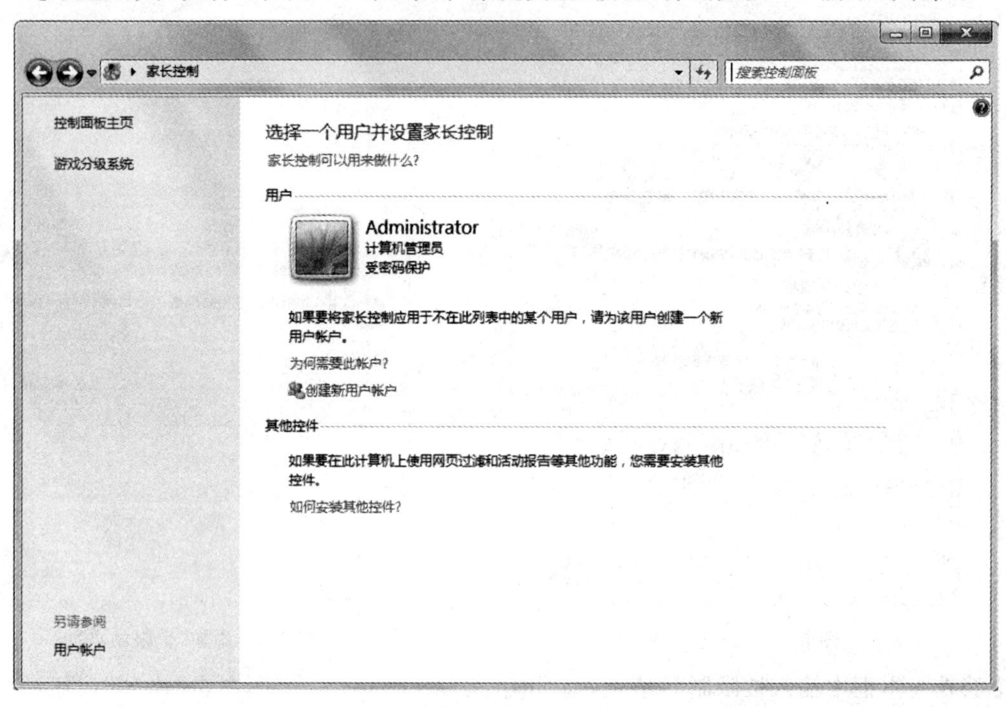

图 6-7 “家长控制”对话框

②在图 6-7 中,单击“创建新用户账户”,弹出如图 6-8 所示对话框,在此对话框中输入用户名“张三”,单击“创建账户”,弹出如图 6-9 所示对话框。

图 6-8 “创建新用户”对话框

图 6-9　创建“张三”用户后的对话框

③在图 6-9 中，单击“张三”用户名，弹出如图 6-10 所示对话框，在此对话框中，选中“启用，应用当前设置”，即可对张三用户进行“时间限制”、“游戏”、“允许和阻止特定程序”设置。

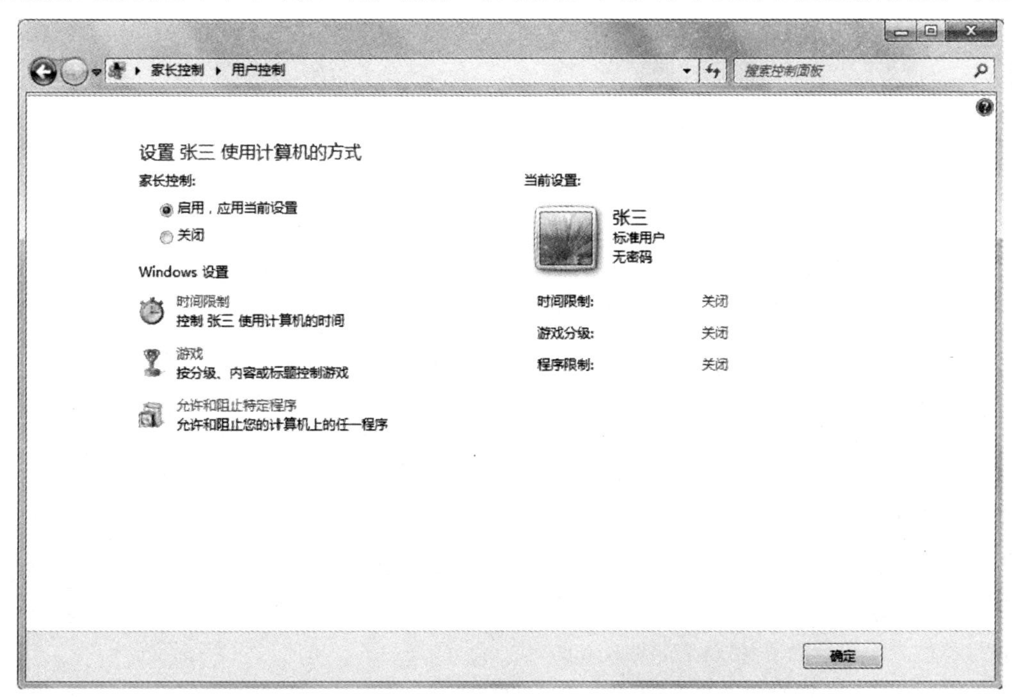

图 6-10　设置“家长控制”对话框

④在图 6-10 中单击“时间限制”，弹出如图 6-11 所示对话框，可以设置不同控制时间段，来阻止或允许“张三”上网，设置完成后，单击“确定”按钮，弹出如图 6-12 所示对话框。

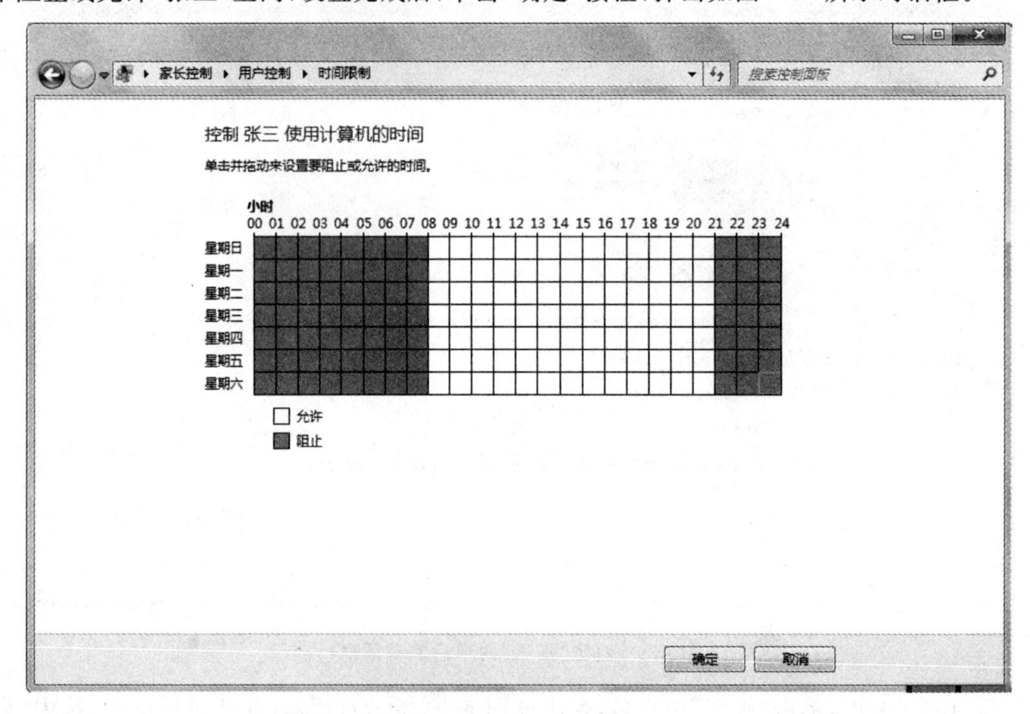

图 6-11　设置“时间限制”对话框

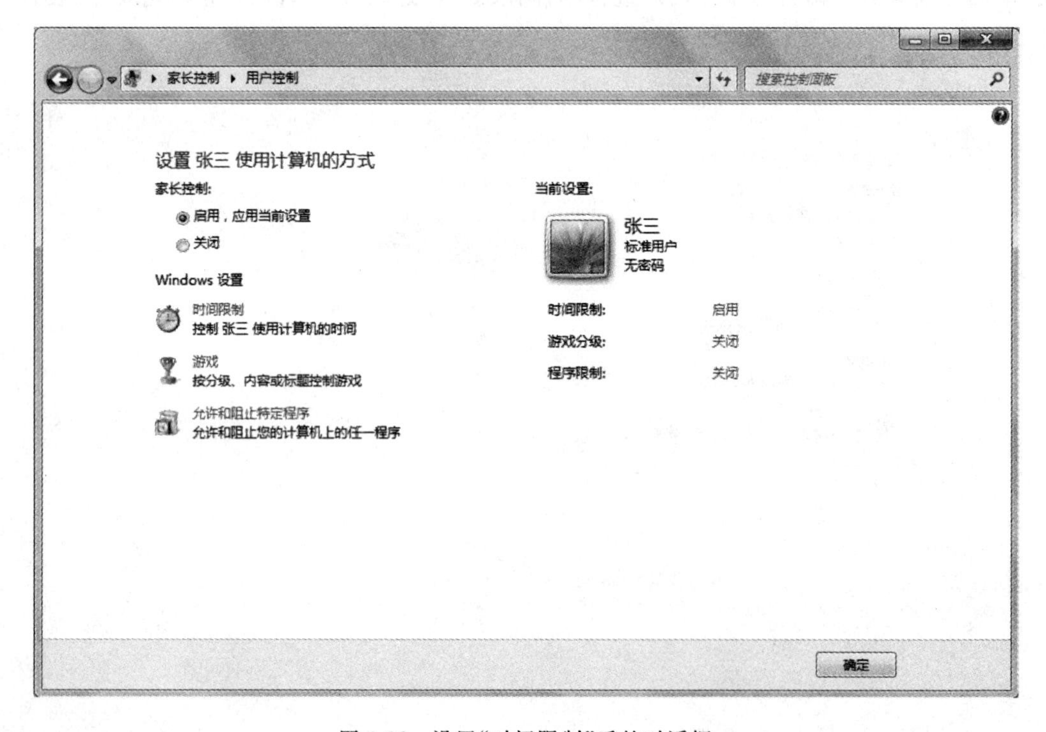

图 6-12　设置“时间限制”后的对话框

按照同样的方法可以设置“游戏”、“特定程序控制”，全部设置好后，单击“确定”按钮即可，家长就可以控制“张三”了。

技能拓展

1. 清除上网痕迹

IE 浏览器提供了一个“自动完成”功能，用户在上网过程中，在 URL 地址栏或网页文本框中所输入的网址及其他信息会被 IE 自动记住。这样当用户再次重新输入这些网址或信息的第 1 个字符或文字时，这些被输入过的网址或信息就会自动列表显示出来，就好像留下“痕迹”一样。虽然给用户带来方便，但同时也给用户带来潜在的泄密危险。要清除上网“痕迹”，可通过 IE 的“内容”选项中“自动完成”来设置。

在图 6-6 中，单击“自动完成”中的“设置”按钮，弹出如图 6-13 所示的对话框，将已选的相应选项中的“√”去除即可。

2. 提高上网速度

许多网页上不但提供图文并茂的文本文件，还配有声音和动画等视频文件。在浏览网页时，传送一幅图像或一段视频需要花很长时间。通过 IE 的“高级”选项卡设置，如关闭图像或动画，需要时再打开，这样不但可以节省时间、提高上网浏览速度和效率，同时对上网流量有限制的用户，还可以节省上网费用。

在图 6-1 中，单击“高级”标签，弹出如图 6-14 所示的对话框，用户可根据情况，在相应选项前打“√”来进行适当设置。

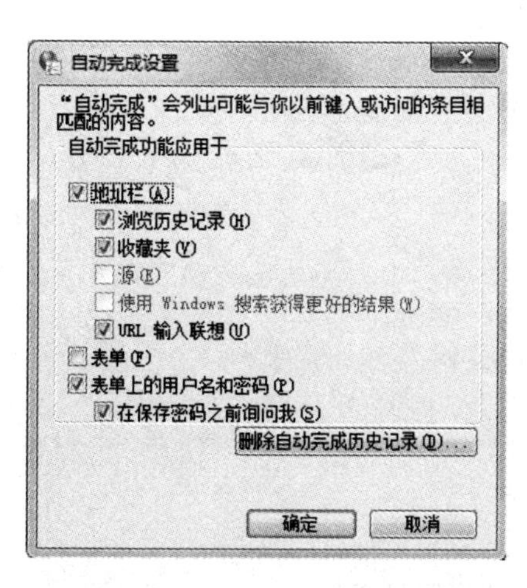

图 6-13　“自动完成设置”对话框

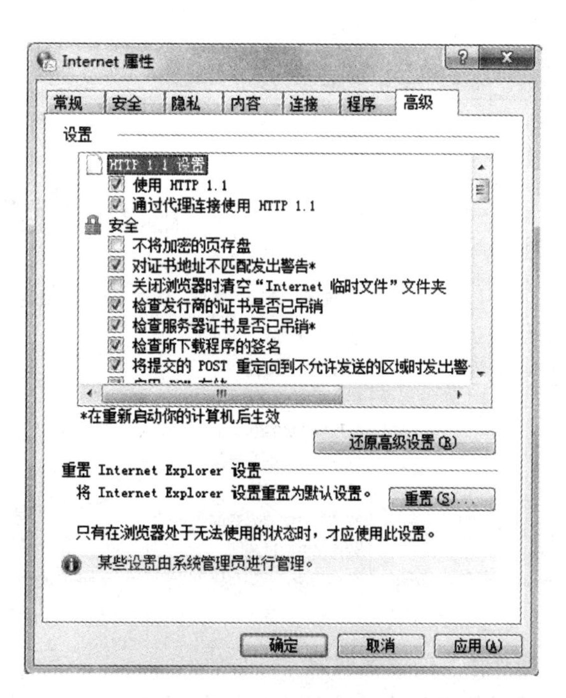

图 6-14　“高级”选项卡

实训 2 信息检索及相关网页内容的保存

实训目标

1. 掌握利用“百度”作为搜索工具进行信息检索的方法。
2. 掌握保存网页内容和收藏网页的方法。

实训内容

1. 关键字搜索。
2. 搜索歌曲。
3. 保存网页内容。
4. 收藏网页。

实训步骤

要想利用“百度”作为搜索工具进行信息检索，首先必须打开“百度”网站的首页。打开IE浏览器，在URL地址栏中输入“http://www.baidu.com”并按Enter键，即可打开“百度”首页，如图6-15所示，在此可进行信息搜索。

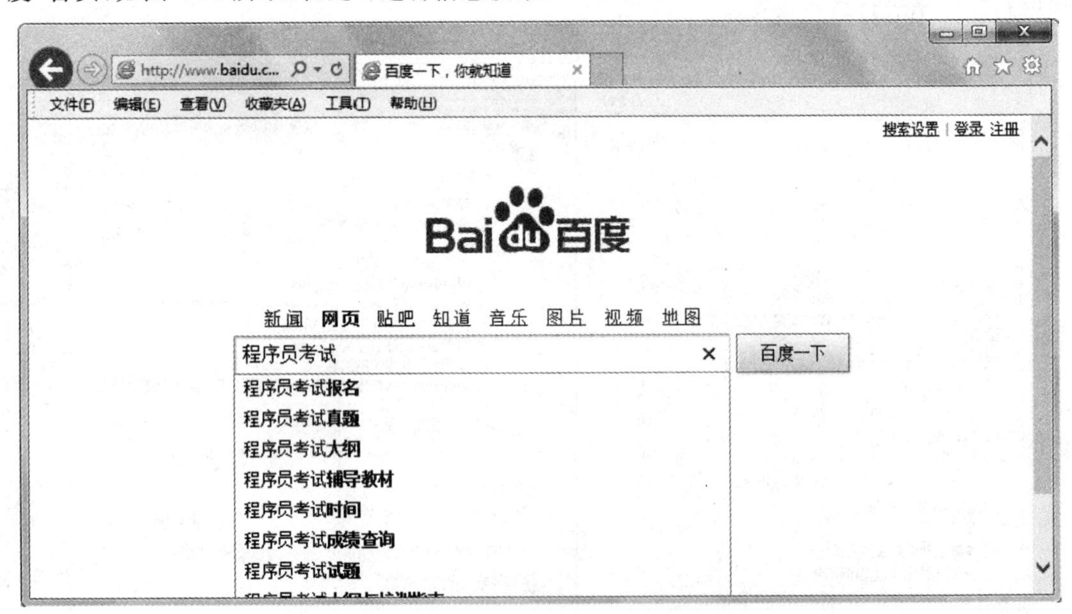

图 6-15 “百度”首页

操作 1 关键字搜索

①在信息搜索文本框中输入所要检索的关键字，如“程序员考试”。

②单击“百度一下”按钮，即可打开一个网页，该网页上显示了与“程序员考试”的有关信

息标题，如图 6-16 所示。

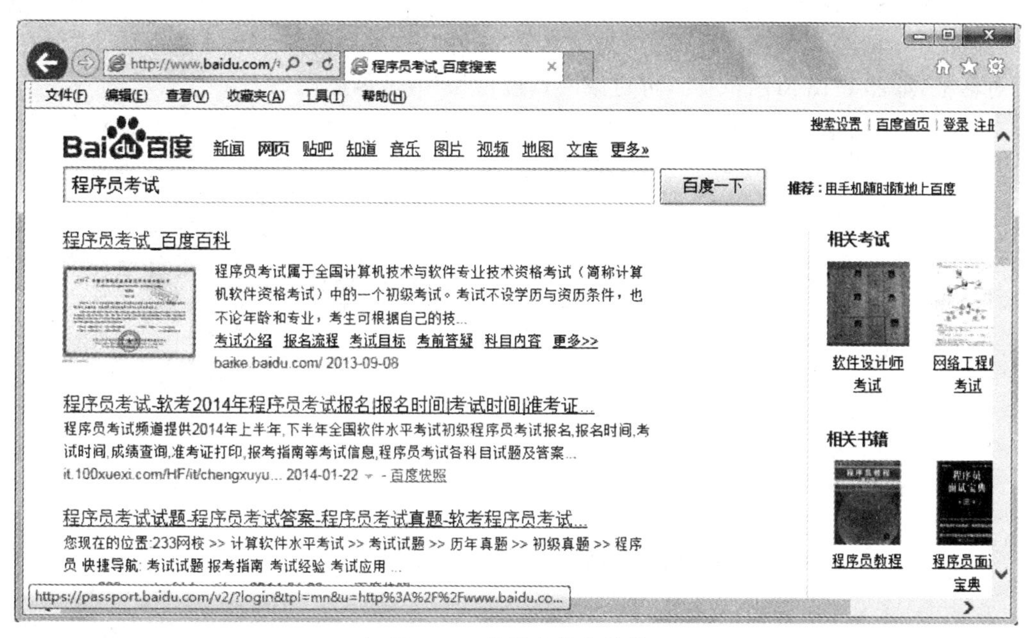

图 6-16　关键字搜索结果

③单击其中某条感兴趣的信息标题，即可对该标题进行详细查询。

操作 2　搜索歌曲

①单击“百度”首页导航条上的“音乐”链接，即可进入百度音乐搜索页面，如图 6-17 所示。该页面中显示了有关歌曲和歌手名字等。

②单击其中感兴趣的歌曲或歌手，即可播放该歌曲。有的网站还提供相应歌曲的歌词以及下载功能，可以把该歌曲下载到自己的 MP3 或手机中。

图 6-17　音乐搜索

操作3　保存网页内容

在如图6-17所示的当前页面上,选择菜单“文件”→“另存为”命令,系统会弹出“保存网页”对话框,如图6-18所示,在此,可对该网页进行保存,具体操作如下:

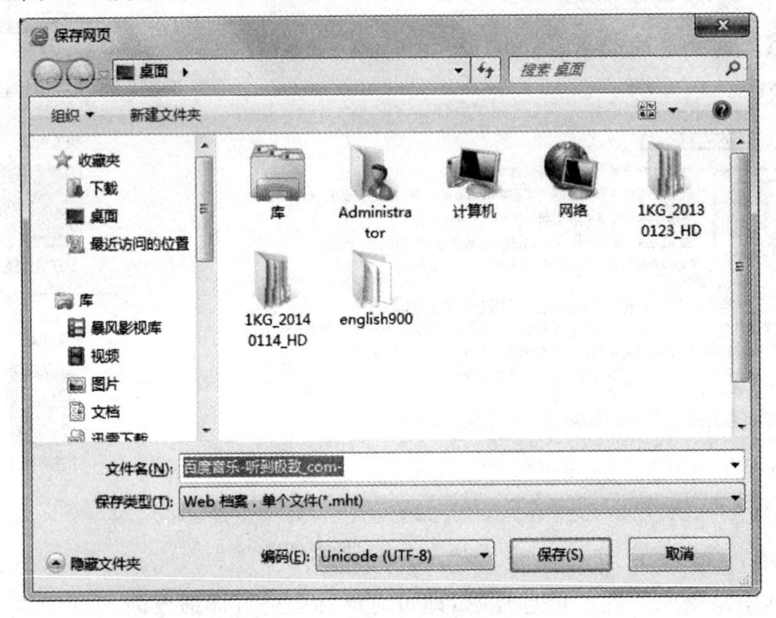

图6-18　“保存网页”对话框

①指定保存位置,如“桌面”。

②指定保存的文件名,如“我喜爱的歌曲”。

③选择保存类型,如“Web”类型。

④选择保存网页的文字编码,如“简体中文”。

⑤单击“保存”按钮,即可将自己喜爱的网页保存,下次要访问该网页时,直接在桌面上双击打开即可。

操作4　收藏网页

在如图6-17所示的当前页面上,选择菜单“收藏夹”→“添加到收藏夹”命令,将弹出如图6-19所示的对话框,此时,可将自己喜爱的网页添加到“收藏夹”中,具体操作如下:

①在名称框中输入网页名,如“我喜爱的歌曲”。

②单击“添加”按钮,即可将当前网页添加到收藏夹中,下次访问该网页时可以直接从收藏夹中打开。

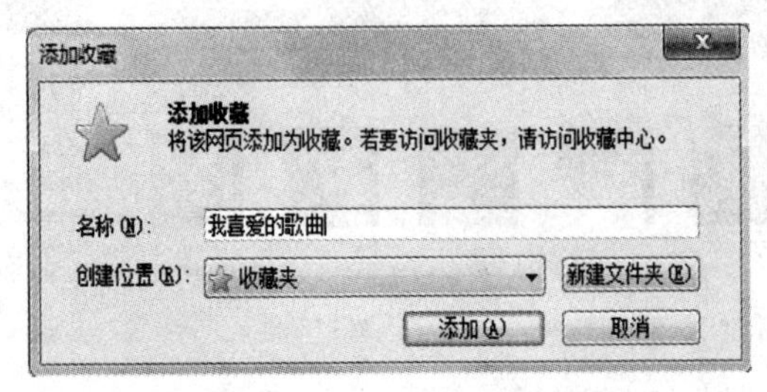

图6-19　“添加收藏”对话框

技能拓展

1. 关键字组合搜索

搜索引擎是目前网络检索最常用的工具。为了更加快速、准确地搜索到用户所需要的信息，除了常用的关键字搜索之外，一般的搜索引擎还支持多个关键字的组合来搜索信息。各关键字之间用“，”分隔号、“＋”、“－”连接号（“＋”表示包括该信息，“－”表示去除该信息）。如在搜索文本框中输入“歌曲＋戏曲”表示搜索有关歌曲和戏曲的所有信息。

2. 搜索条件的使用

如果想更精确地搜索信息，可以使用搜索条件。在填关键词时用AND（用“&”表示）、OR（用“|”表示）、NOT（用“!”表示）表达各关键词之间的逻辑与、或、非的关系。如在搜索文本框中输入“（南京|合肥）& 汽车销售！进口汽车”表示查找南京或合肥的汽车销售信息，但进口汽车除外。

实训3　收发电子邮件

实训目标

1. 掌握申请电子信箱的方法。
2. 掌握收发电子邮件的方法。

实训内容

1. 申请免费电子信箱。
2. 接收电子邮件。
3. 发送电子邮件。

实训步骤

操作1　申请免费电子邮箱

要在网上收发电子邮件，必须先申请一个电子信箱。本实训以在“新浪”网站中申请免费电子信箱为例，介绍申请电子信箱的方法。具体操作如下：

①打开IE浏览器，在URL地址栏中输入网址“http://www.sina.com.cn”，打开新浪网站的主页，单击网页上的“邮箱”下拉菜单中的“免费邮箱”链接，打开登录邮箱页面，如图6-20所示。

图 6-20 “新浪”免费邮箱申请

②单击邮箱页面上的“立即注册”链接，弹出如图 6-21 所示的页面。

图 6-21 填写注册信息

③在该页面上选择“注册新浪邮箱”，并按要求和步骤填写注册信息，在此以“chzyabcdef”为用户名，并选择邮箱名为“chzyabcdef@sina. com”。

④填写完后，单击“立即注册”按钮。此时将把用户填写的信息递交给邮件服务器，经审核合格后即可分配给用户一个免费电子邮箱。

操作 2 接收电子邮件

当电子邮箱申请成功后，用户就可以登录邮箱并利用该邮箱收发电子邮件了。在如图 6-20 所示的邮箱登录页面中，输入申请时所填写的用户名和密码，如“chzyabcdef@sina. com”，单击“登录”按钮，此时就可登录到用户的邮箱，如图 6-22 所示。具体操作如下：

①单击“收信”按钮，即可打开收件箱，若邮箱中有新邮件，系统将给出提示，此时可以看到申请成功时邮件服务器回复的一封邮件，主题为“欢迎使用新浪……”。

②单击邮件的标题，查看邮件的具体内容。

③单击“删除”按钮，可将选定的邮件删除。

④单击“移动到”按钮，可将选定的邮件移动到指定位置。

图 6-22　“新浪”电子邮箱

操作3　发送电子邮件

单击如图 6-22 所示的邮箱页面左边导航栏中的“写信”按钮即可打开写邮件的界面，如图 6-23 所示。具体操作如下：

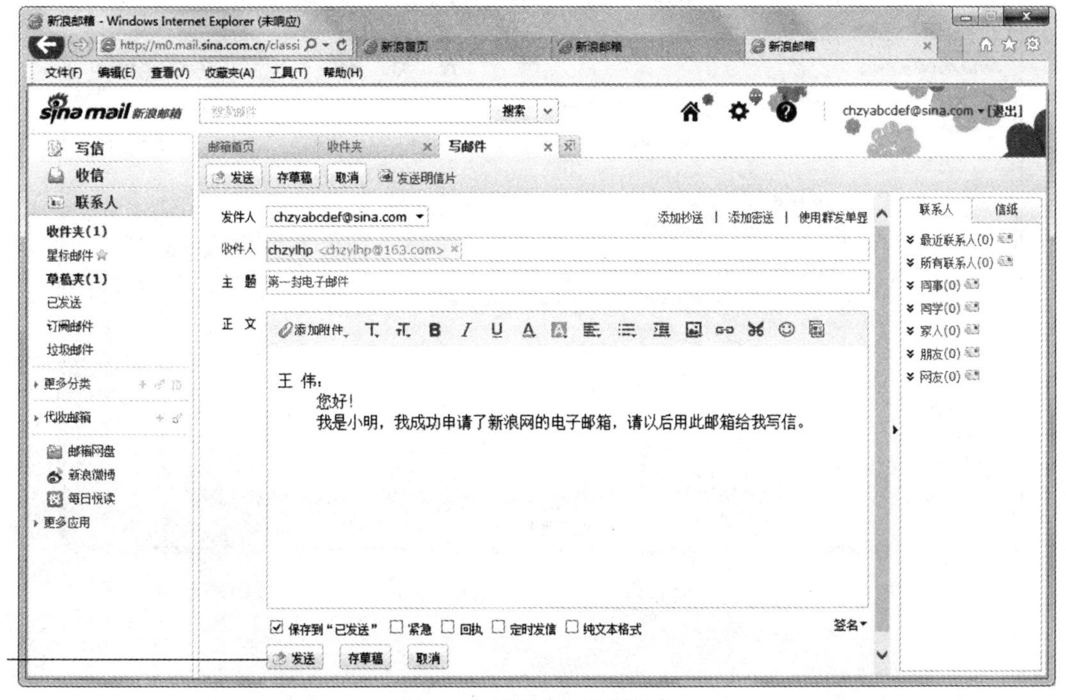

图 6-23　利用电子邮箱写信

①单击“写信”按钮，可进入写邮件状态。

②填写收件人的 E-mail 地址，如“chzylhp@163. com”。

③填写邮件主题，如“第一封电子邮件”。

④在“正文”文本框中输入邮件的具体内容。

⑤单击“添加附件”按钮，可发送带有附件的邮件，此时在弹出的对话框中找到附件文件，并将其添加到邮件中。

⑥单击“发送”按钮，即可将邮件连同附件一起发送给指定的收件人。

⑦单击“退出”按钮，退出并关闭邮箱。

技能拓展

1. 使用群发单显

在图 6-23 中，单击收件人上方的“使用群发单显”按钮，可以同时给多人发送同一封邮件。在填写收件人地址时，各收件人地址用“;”隔开。这样对于多个收件人，采用一对一分别单独发送，每个收件人只看到自己的地址，从而极大地提高了邮件发送的效率。

2. 使用自动回复

在图 6-23 中，单击页面右上方的“设置”按钮下的“更多设置”命令，打开邮箱设置选项的页面，如图 6-24 所示。单击“自动回复”的“启用”单选按钮，并在消息文本框中输入所要回复的信息，如“您好！您的邮件已收到，小明。”。这样一旦收到信件，系统就会自动回复给发件人一封邮件，以便对方确认邮件是否被接收到。

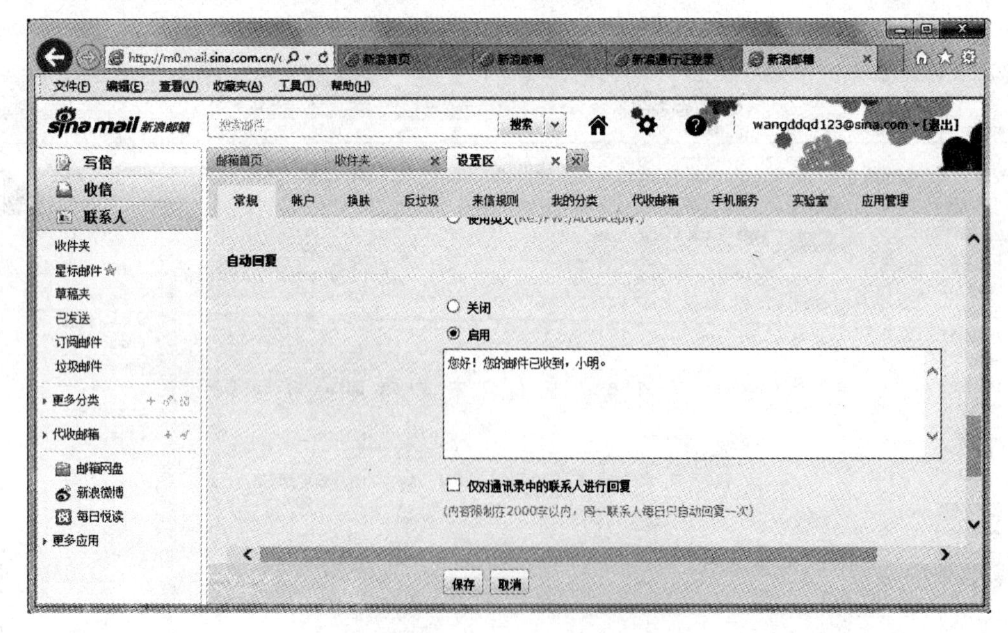

图 6-24　邮件“自动回复”设置

第7章 信息(数据)安全

实训 360安全卫士安装与运行

实训目标

1.掌握360系列软件的下载方法。
2.掌握360安全卫士的安装方法。
3.掌握360安全卫士的运行方法。

实训内容

运行如图7-1所示的360安全卫士。

图7-1 360安全卫士运行界面

1. 下载 360 安全卫士。
2. 安装 360 安全卫士。
3. 运行 360 安全卫士。

实训步骤

首先进入 360 官方网站下载安装软件，然后进行安装。安装成功后再运行该软件。

操作 1　下载 360 安全卫士安装软件

首先进入 360 官方网站(www.360.cn)，找到 360 安全卫士下载区。下载 360 安全卫士安装软件，并保存在指定的存储位置，如图 7-2 所示。

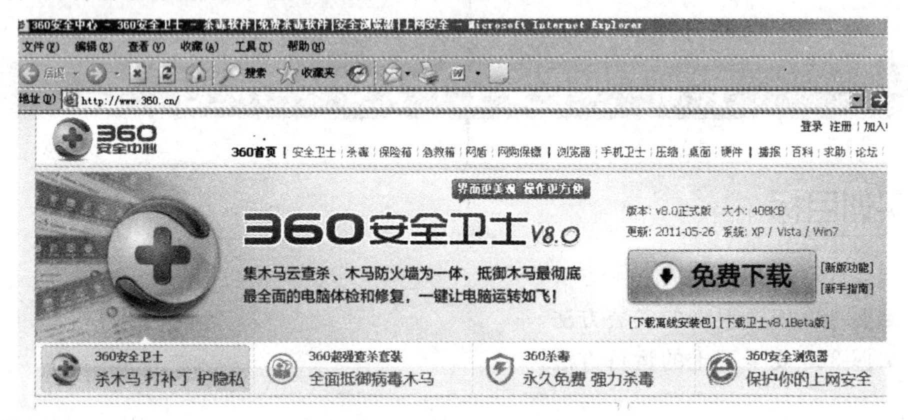

图 7-2　下载 360 安全卫士

操作 2　安装 360 安全卫士

(1)选择安装路径

找到下载的 360 安装文件，双击后出现安装界面。在该界面中，既可以按默认的路径进行安装，也可单击“安装在”按钮，进行安装路径的选择，如图 7-3 所示。

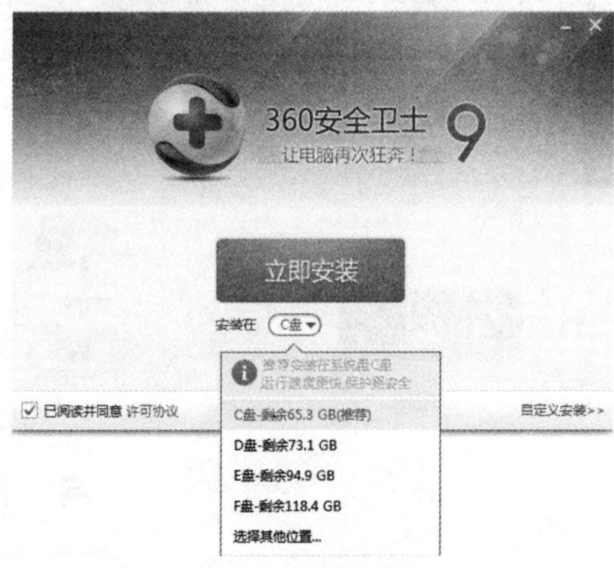

图 7-3　选择安装路径

(2)安装过程操作

选择好安装路径后，鼠标单击“立即安装”按钮，出现如图 7-4 所示对话框，单击“是”按钮，软件自动安装，安装界面如图 7-5 所示。

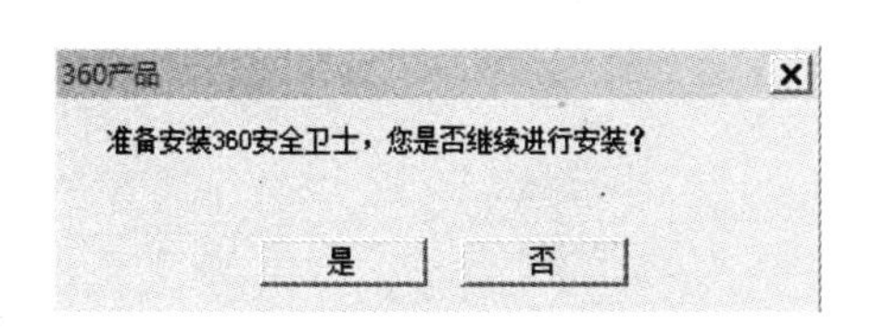

图 7-4　确定安装对话框

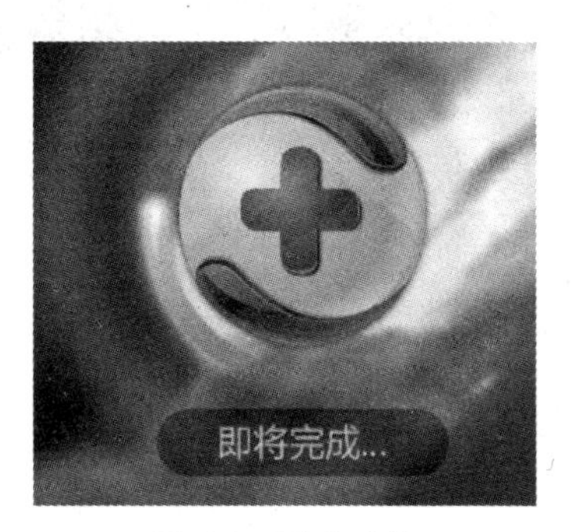

图 7-5　正在安装

(3)完成安装

360 软件安装完成后，自动进入图 7-1 所示的运行界面。

操作 3　运行 360 安全卫士

360 安全卫士安装成功后，就可以运行了。打开 360 安全卫士，界面上有电脑体检、木马查杀、系统修复、电脑清理、优化加速、电脑救援、手机助手、软件管理等选项。

(1)电脑体检

单击“电脑体检”按钮，进行电脑体检，体检之后会提示电脑的体检分数，如果电脑存在问题，点击“一键修复”，进行系统整体修复。如图 7-6 所示。

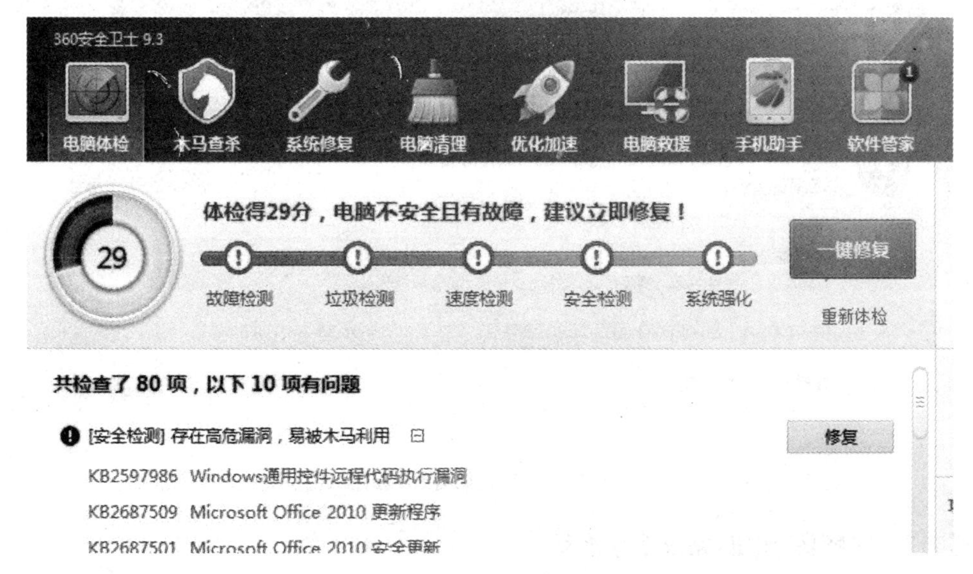

图 7-6　“电脑体检”界面

(2)木马查杀

“木马查杀”功能能对计算机进行扫描查找木马，然后对查找到的木马进行处理。

单击“木马查杀”按钮，进入“木马查杀”界面，点击“全盘扫描”按钮，全面查杀木马及其残留，如图 7-7 所示。

图 7-7 “木马查杀”界面

(3)系统修复

360 安全卫士的“系统修复”功能包括“常规修复”和“漏洞修复”，其中“常规修复”检查浏览器是否有恶意插件及计算机关键位置是否设置正常，而“漏洞修复”主要给操作系统的漏洞打补丁。

单击“系统修复”按钮，进入“系统修复”界面，单击“漏洞修复”按钮，进入“漏洞修复”界面，如图 7-8 所示。

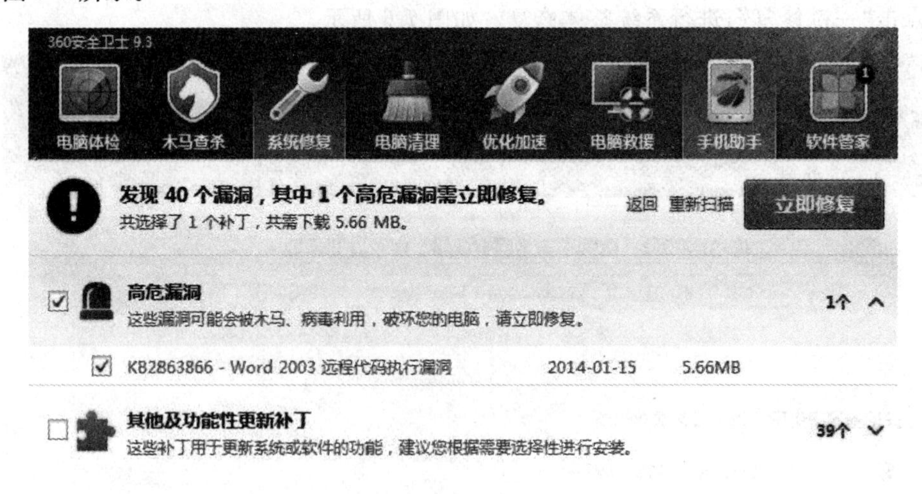

图 7-8 “系统修复”界面

单击“立即修复”按钮，完成系统修复。

(4)电脑清理

长时间使用电脑，系统里面会产生大量的垃圾文件，经常清理可以提升电脑的运行速度和浏览网页的速度。通过“电脑清理”功能，可以清理电脑中的 Cookie、垃圾、痕迹和插件。

单击“电脑清理”按钮，进入“电脑清理”界面，如图 7-9 所示。

单击“一键清理”按钮，完成电脑清理。

图 7-9 “电脑清理”界面

(5)优化加速

如果发现系统速度、系统运行速度、上网速度变慢，可以使用“优化加速”功能。单击“优化加速”按钮，进入“优化加速”界面，如图 7-10 所示。

图 7-10 “优化加速”界面

单击“立即优化”按钮，完成系统的优化加速。

如果进行常规修复后，还是无法解决问题，可以单击“电脑救援”按钮，里面包含了几大栏目，可以根据出现的故障类型进行查看，里面有解决问题的方法可以进行参考。

在“软件管家”功能里面提供了各种常用的软件，可以在这里进行下载和安装。

通过“手机助手”功能，可以通过计算机管理手机中的文件，下载手机软件。

技能拓展

通过 360 安全卫士的“免费 WiFi”功能可以轻松地将带有无线网卡的笔记本电脑变成 WiFi 无线热点，以使周围的智能手机或 iPAD 等设备能通过 WiFi 免费上网。

①添加“免费 WiFi”功能。

单击“电脑体检”按钮，进入“电脑体检”界面，在该界面右侧“功能大全”列表框中单击“免费 WiFi”按钮，添加“免费 WiFi”功能。如图 7-11 所示。

②“免费 WiFi”功能添加后，只要在“功能大全”列表框中单击“免费 WiFi”按钮，则出现“360 免费 WiFi”窗口，如图 7-12 所示。

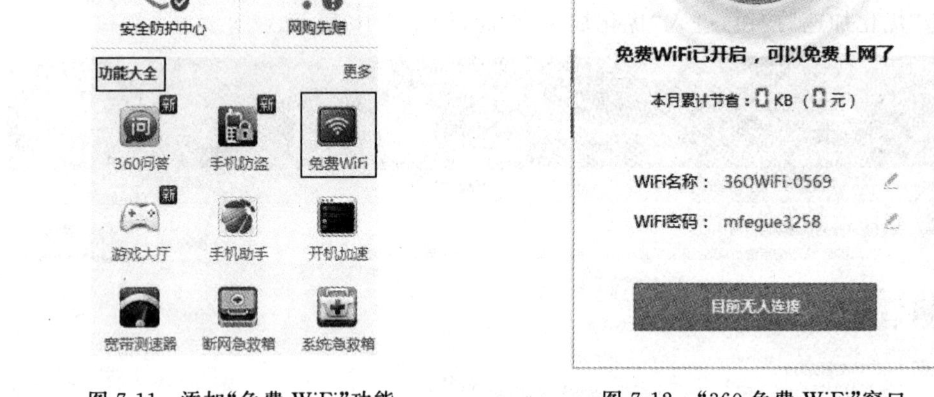

图 7-11　添加“免费 WiFi”功能　　　图 7-12　“360 免费 WiFi”窗口

③手机、iPAD 等设备找到该 WiFi 网，输入 WiFi 密码，即可免费上网。

④如果要关闭 WiFi 热点，用鼠标右键单击任务栏上的“360 免费 WiFi”按钮，弹出快捷菜单，选择“关闭热点并退出”命令，即可关闭“360 免费 WiFi”，如图 7-13 所示。

如果是台式计算机，可以在计算机上装一个无线网卡，就能用该功能将计算机变为 WiFi 无线热点了。

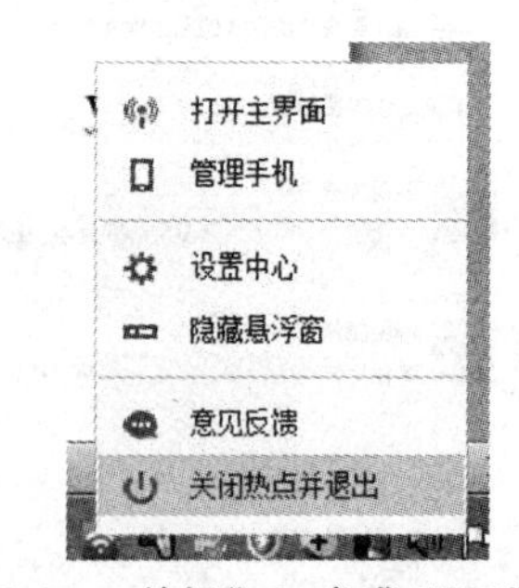

图 7-13　关闭“360 免费 WiFi”热点

第2部分

考试指导

模拟试卷 1

一、单项选择题(每题 1 分,共 30 分)

1. 我们平常所说的计算机是________的简称。

A. 电子数字计算机　　B. 电子模拟计算机

C. 电子脉冲计算机　　D. 数字模拟混合计算机

2. 按计算机应用的分类,办公自动化 OA 是属于________。

A. 科学计算机　　B. 信息处理　　C. 实时控制　　D. 辅助设计

3. PentiumⅡ 350 芯片的微机,CPU 的时钟频率为________。

A. 350 THz　　B. 350 MHz　　C. 350 GHz　　D. 350 Hz

4. 用一个字节表示无符号整数,能表示的最大整数是________。

A. 无穷大　　B. 128　　C. 256　　D. 255

5. 完整的计算机硬件系统由输入/输出设备、存储器和________组成。

A. 键盘和打印机　　B. 系统软件　　C. 各种应用软件　　D. CPU

6. 一台计算机字长是 4 字节,表示________。

A. 能处理的字符串最多由 4 个英文字母组成

B. 能处理的数值最大为 4 位十进制数 999

C. 在 CPU 中作为一个整体进行处理的二进制为 32

D. 在 CPU 中运算的结果最大为 2^{32}

7. 在对硬盘的下列操作中,最容易磨损硬盘的是________。

A. 在硬盘上建立目录　　B. 对硬盘进行分区

C. 高级格式化　　D. 低级格式化

8. 目前较流行的电脑总体有两种:一种是台式机,另一种是________。

A. 服务器　　B. 个人 PC　　C. 移动 PC　　D. 商务机

9. 新购置的裸机首先要安装________。

A. 字处理软件　　B. 操作系统　　C. 应用程序　　D. 高级语言

10. 下列对操作系统功能的描述中,比较全面的是________。

A. 管理源程序　　B. 管理数据库文件

C. 控制和管理计算机系统软硬件资源　　D. 对高级语言进行编译

11. 删除 Windows 7 桌面上的某个应用程序的快捷图标,意味着________。

A. 该应用程序连同其图标一起被删除

B. 只删除了该应用程序,对应的图标被隐藏

C. 只删除了快捷图标,对应的应用程序被保留

D. 该应用程序连同其图标一起被隐藏

12. 安装 Windows 7 操作系统时，系统磁盘分区必须为________格式才能安装。
A. FAT　　B. FAT16　　C. FAT32　　D. NTFS
13. 在 Windows 7 中，用户可以对磁盘进行快速格式化，但是被格式化的磁盘必须是________。
A. 从未格式化的新盘　　B. 无坏道的新盘
C. 低密度磁盘　　D. 以前做过格式化的磁盘
14. 在 Windows 7“控制面板”的系统选项中，不能实现的是________。
A. 创建硬件配置文件　　B. 检查系统硬件参数
C. 检查设备的当前工作是否正常　　D. 设置显示分辨率
15. 在 Word 2010 文档中，如果要求上下两段之间留有较大间隔，最好的解决方法是________。
A. 在每两行之间用按回车键添加空行
B. 在每两段之间用按回车键添加空行
C. 通过段落格式设定来增加段距
D. 用字符格式设定来增加间距
16. 要将在其他软件中制作的图片复制到当前 Word 2010 文档中，下列说法中正确的是________。
A. 不能将其他软件中制作的图片复制到当前 Word 文档中
B. 可以通过剪贴板将其他软件中制作的图片复制到当前的 Word 文档中
C. 先打开 Word 文档，然后直接在 Word 环境下显示要复制的图片
D. 不能通过“复制”和“粘贴”命令来传递图形
17. 在 Word 2010 中，可以通过________功能区对不同版本的文档进行比较和合并。
A. 页面布局　　B. 引用　　C. 审阅　　D. 视图
18. 在 Excel 2010 中，关于选定单元格区域的说法，错误的是________。
A. 将鼠标指针指向要选定区域的左上角单元格，拖动鼠标到该区域的右下角单元格
B. 在名称框中输入单元格区域的名称或地址并按回车键
C. 单击要选定区域的左上角单元格，按着 Shift 键，再单击该区域的右下角单元格
D. 单击要选定的区域的左上角单元格，再单击该区域右下角单元格
19. 在 Excel 2010 中，为了加快输入速度，在相邻单元格中输入“星期一”到“星期五”的连续字符时，可使用________功能。
A. 复制　　B. 移动　　C. 自动填充　　D. 自动计算
20. 在 Excel 2010 中，下列错误的公式格式是________。
A. A5=C1*D1　　B. A5=C1/D1
C. A5=Cl "OR" Dl　　D. A5=OR(C1,D1)
21. 在 Excel 2010 中要想设置行高、列宽，应选用________功能区中的“格式”命令.
A. 开始　　B. 插入　　C. 页面布局　　D. 视图
22. 要让 PowerPoint 2010 制作的演示文稿在 PowerPoint 2003 中放映，必须将演示文稿的保存类型设置为________。
A. PowerPoint 演示文稿(*.pptx)　　B. PowerPoint 97-2003 演示文稿(*.ppt)
C. XPS 文档(*.xps)　　D. Windows Media 视频(*.wmv)

23. 在计算机网络中，相连服务器上的下位计算机一般被称为________。
A. 子服务器　B. 移动 PC　C. 工作站　D. 工业 PC
24. 通过电话线把计算机接入网络，则需要购置________。
A. 路由器　B. 网卡　C. 调制调解器　D. 集线器
25. 下面 4 个 IP 地址中，正确的是________。
A. 202.9.1.12　B. CX.9.23.01
C. 202.122.202.345.34　D. 2.2.155.33.D
26. 利用网络交换文字信息的非交互式服务通常称为________。
A. E-mail　B. TELNET　C. WWW　D. BBS
27. 当收发电子邮件时，由于________原因，可能会导致邮件无法发送。
A. 接收方计算机关闭
B. 邮件正文是 Word 文档
C. 发送方的邮件服务器关闭
D. 接收发计算机与邮件服务器不在一个子网
28. Windows 7 ________支持多媒体设备的即插即用。
A. 能够　B. 有时能够，有时不能
C. 不能够　D. 大多数情况下不能够
29. 计算机病毒的特点可以归纳为________。
A. 破坏性、隐蔽性、传染性和可读性　B. 破坏性、隐蔽性、传染性和潜伏性
C. 破坏性、隐蔽性、先进性和潜伏性　D. 破坏性、隐蔽性、继承性和潜伏性
30. 下列方式中，________一般不会感染计算机病毒。
A. 在网络上下载软件，直接使用
B. 试用来历不明软盘上的软件，以了解其功能
C. 在本机的电子邮箱中发现有奇怪的邮件，打开看
D. 安装购买正版软件

二、多项选择题（每题 2 分，共 10 分）

1. 在 Excel 2010 中，修改单元格数据可用的方法有________。
A. 在编辑栏修改　B. 常用工具栏按钮　C. 复制和粘贴　D. 在单元格修改
2. 在 PowerPoint 2010 中，复制当前幻灯片且让复制后的幻灯片与当前幻灯片相邻，其方法有________。
A. 单击“复制”按钮，再单击当前幻灯片，然后再单击“粘贴”按钮
B. 在“幻灯片浏览”视图下，按 Ctrl 键拖动当前幻灯片，直到当前幻灯片前或后出现竖线松开鼠标左键
C. 单击“插人”菜单的“幻灯片副本”命令
D. 在“幻灯片浏览”视图下，按 Shift 键拖动当前幻灯片，直到当前幻灯片前或后出现竖线松开鼠标左键
3. 下面有关计算机操作系统的叙述中，正确的是________。
A. 操作系统属于系统软件
B. 操作系统只负责管理内存储器，而不管理外存储器

C. UNIX 是一种操作系统

D. 计算机的处理器、内存等硬件资源也是操作系统管理

4. 下列属于 Windows 7 控制面板中的设置项目的是________。

A. Windows Update　　B. 备份和还原

C. 恢复　　D. 网络和共享中

5. 在 Word 2010 中,“开始”功能区的“字体”组可以对文本进行____________操作设置。

A. 字体　　B. 字号　　C. 消除格式　　D. 样式

三、打字题(共 10 分,用时 15 分钟)

昨天下午举行的法国家乐福国际采购对接会上,省内一家企业首先就入场费问题提出担心,家乐福代表明确答复:目前其入场费用仅产生在内贸超市方面,其全球采购体系是不存在入场费的。另一家用纺织品企业表示,自己在多方面都比较符合要求,在出口方面也有一些业务往来,但都是通过中间商的,希望能够直接与家乐福获得联系。亲自参加对接会的安徽省服装进出口股份有限公司陶国庆副总经理告诉记者,期待能够进入家乐福的采购网络,一方面其出口量将会实现大的飞跃,另一方面对方对整个供应体系的要求非常高,如果达到他们的要求,势必也可以满足其他客商的要求。

四、Windows 操作题(5 小题,共 8 分)

已知考生文件夹有如下文件夹与文件:

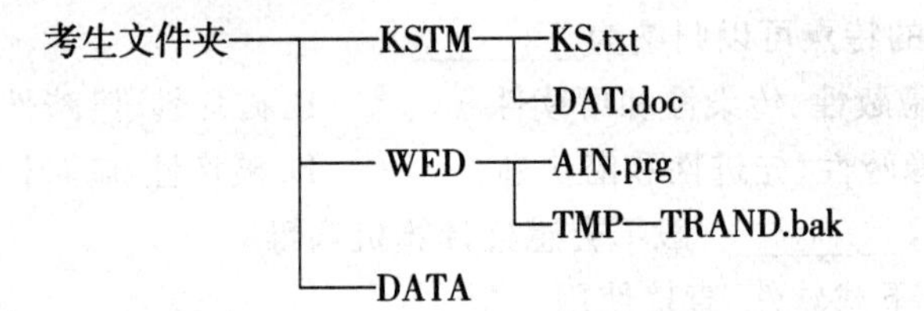

请进行一些操作:

1. 将 KSTM 文件夹下所有文件复制到 DATA 文件夹下,并将 DAT. doc 文件删除。

2. 将文件 MAIN. prg 改为 MAIN. bas。

3. 将 WED 文件夹中的 TMP 文件夹删除。

4. 在 DATA 文件夹下建立一个新文件夹 PRICE。

5. 将 KSTM 文件夹下的文件 KS. txt 设置为只读属性。

五、Word 操作题(7 小题,共 18 分)

1. 给文章加标题“人均国民总收入”,设置其字体格式为华文行楷、一号字、加粗、红色,标题段填充灰色-15%底纹,段后间距 1 行,居中显示。

2. 设置正文第一段首字下沉 3 行,首字字体为黑体,其余各段设置为首行缩进 2 字符。

3. 将正文中所有的“收入”设置为蓝色、加粗。

4. 给正文第四段设置 1.5 磅带阴影的绿色边框,填充浅绿色底纹。

5. 在正文适当位置插入图片 pic6. jpg,设置图片高度、宽度缩放比例均为 50%,环绕方式为四周型。

6. 在正文适当位置插入自选图形“云形标注”,添加文字“中国人均国民总收入”,设置其字体格式为:黑体、三号字、蓝色,设置自选图形格式为:金色填充色、紧密型环绕方式、右对齐。

7. 设置奇数页页眉为“GNI”,偶数页页眉为“人均国民总收入”。

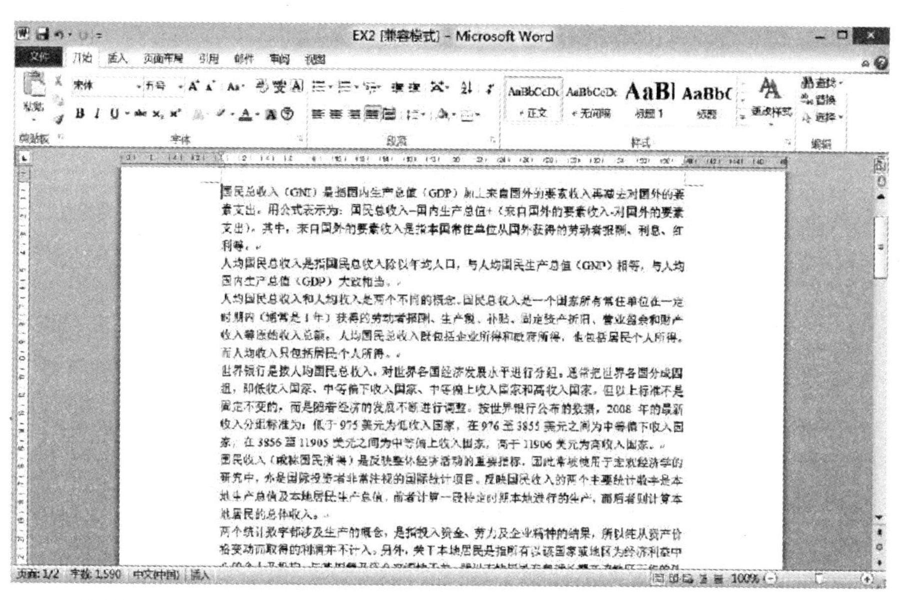
国民总收入（GNI）是指国内生产总值（GDP）加上来自国外的要素收入再减去对国外的要素支出。用公式表示为：国民总收入=国内生产总值+（来自国外的要素收入-对国外的要素支出）。其中，来自国外的要素收入是指本国常住单位从国外获得的劳动者报酬、利息、红利等。

人均国民总收入是指国民总收入除以年均人口，与人均国民生产总值（GNP）相等，与人均国内生产总值（GDP）大致相当。

人均国民总收入和人均收入是两个不同的概念。国民总收入是一个国家所有常住单位在一定时期内（通常是1年）获得的劳动者报酬、生产税、补贴、固定资产折旧、营业盈余和财产收入等原始收入总额。人均国民总收入既包括企业所得和政府所得，也包括居民个人所得。而人均收入只包括居民个人所得。

世界银行是按人均国民总收入，对世界各国经济发展水平进行分组。通常把世界各国分成四组，即低收入国家、中等偏下收入国家、中等偏上收入国家和高收入国家。但以上标准不是固定不变的，而是随着经济的发展不断进行调整。按世界银行公布的数据，2008 年的最新收入分组标准为：低于 975 美元为低收入国家，在 976 至 3855 美元之间为中等偏下收入国家，在 3856 至 11905 美元之间为中等偏上收入国家，高于 11906 美元为高收入国家。

国民收入（或称国民所得）是反映整体经济活动的重要指标，因此常被使用于宏观经济学的研究中，亦是国际投资者非常注视的国际统计项目。反映国民收入的两个主要统计数字是本地生产总值及本地居民生产总值，前者计算一段特定时期本地进行的生产，而后者则计算本地居民的总体收入。

两个统计数字都涉及生产的概念，是指投入资金、劳力及企业精神的结果，所以纯从资产价格变动而取得的利润并不计入。另外，关于本地居民是指所有以该国家或地区为经济利益中

六、Excel 操作题(5 小题,共 14 分)

1. 将工作表 Sheet 1 改名为“划分标准”,删除 Sheet 2 工作表。

2. 在“人均国民总收入”工作表 C4 单元格中输入“收入等级”,在 C 列利用函数标注各国家和地区的收入等级(收入小于参考值等级为“中低收入”,收入大于等于参考值等级为“高收入”,要求使用绝对地址引用“划分标准”工作表中的“参考值”)。

3. 在“人均国民总收入”工作表中,利用自动筛选功能,筛选出收入等级为“中低收入”的记录。

4. 根据“人均国民总收入”工作表数据,生成一张反映中国、巴西、印度、俄罗斯、南非的人均国民总收入的“簇状柱形图”,嵌入当前工作表中,图表标题为“金砖五国人均国民总收入”,数值(Y)轴标题为“美元”,无图例,数据标志显示值。

5. 将生成的图表以“增强型图元文件”形式选择性粘贴到 Word 文档的末尾。

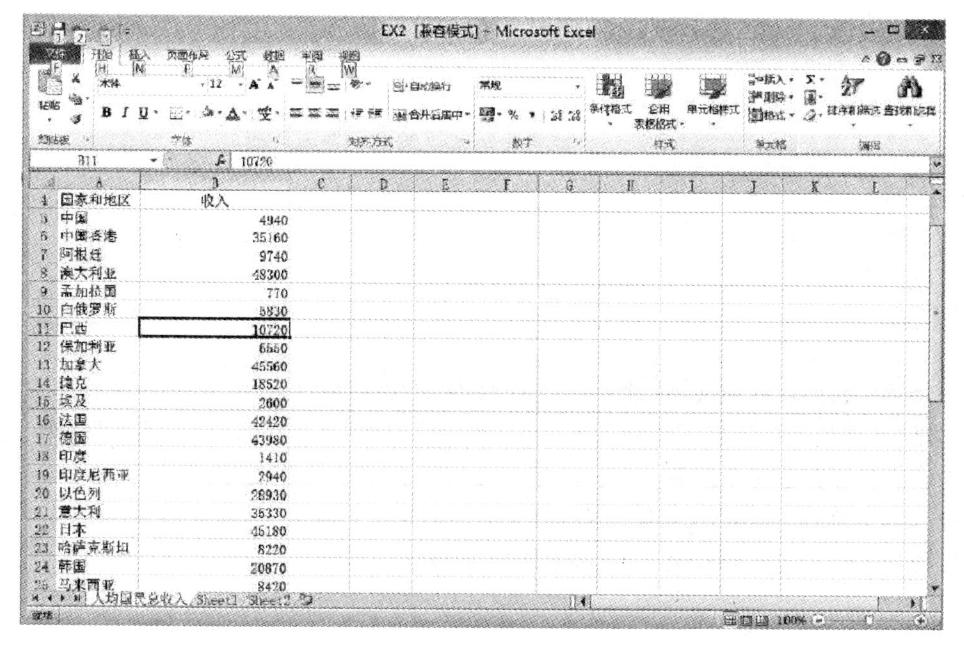

	A	B
4	国家和地区	收入
5	中国	4940
6	中国香港	35160
7	阿根廷	9740
8	澳大利亚	48300
9	孟加拉国	770
10	白俄罗斯	5830
11	巴西	10720
12	保加利亚	6550
13	加拿大	45560
14	捷克	18520
15	埃及	2600
16	法国	42420
17	德国	43980
18	印度	1410
19	印度尼西亚	2940
20	以色列	28930
21	意大利	35330
22	日本	45180
23	哈萨克斯坦	8220
24	韩国	20870
25	马来西亚	8420

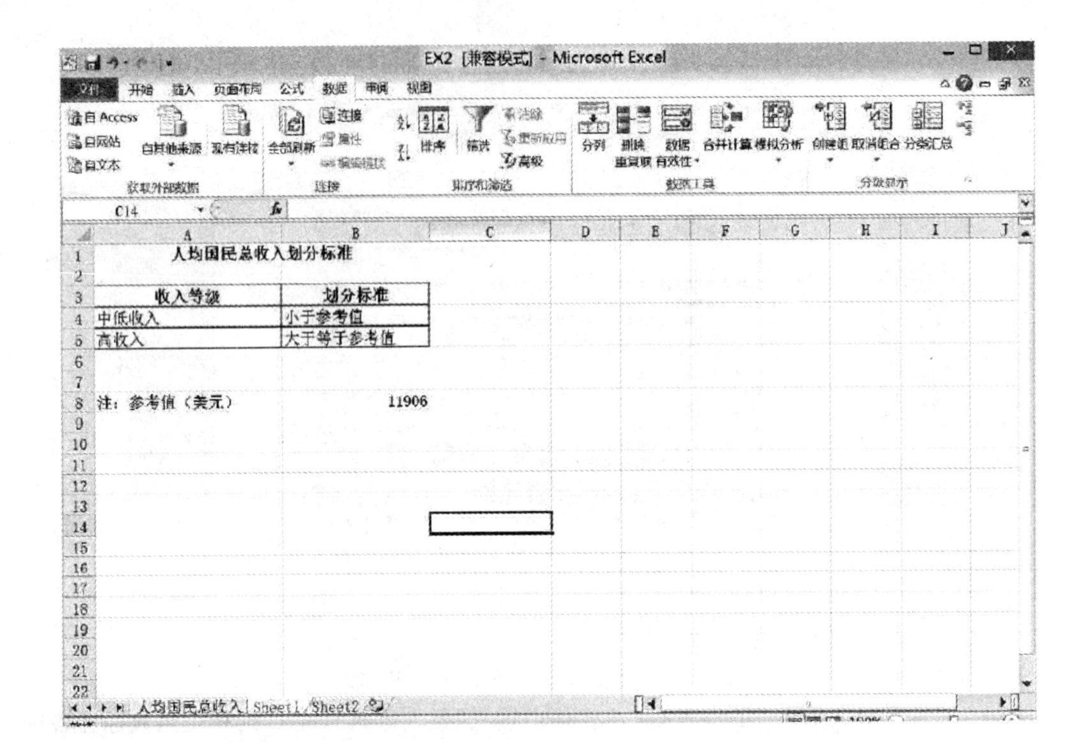

七、PPT 操作题(2 小题,共 10 分)

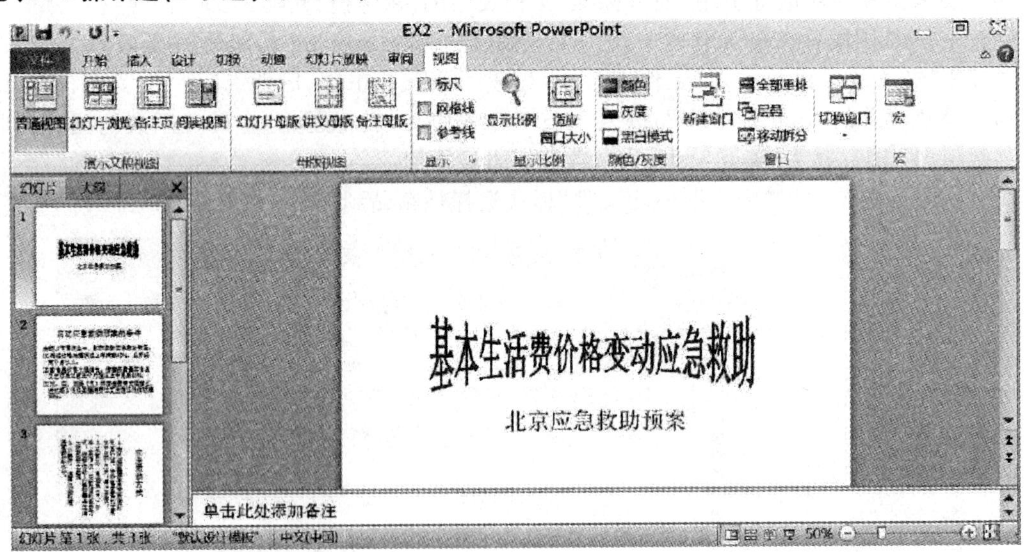

1. 将第一张幻灯片的文本"北京应急救助预案"的动画设置为"进入—自底部、飞入"。将艺术字"基本生活费价格变动应急救助"的动画设置为"进入—自左侧、擦涂"。第一张幻灯片的动画顺序为先艺术字后文本。将第二张幻灯片的版式改为"两栏内容",并在侧内容区域插入有关旅行的剪切画。第三张幻灯片的标题文字设置为"黑体"、53 磅、加粗。

2. 使用"波形"主题修饰全文,放映方式为"演讲者放映(全屏幕)"。

【模拟试卷 1 参考答案】

一、单项选择题

1. A　2. B　3. B　4. D　5. D　6. C　7. D　8. C　9. B　10. C
11. C　12. D　13. D　14. D　15. C　16. B　17. C　18. D　19. C　20. C
21. A　22. B　23. C　24. C　25. A　26. A　27. C　28. A　29. B　30. D

二、多项选择题

1. AD　2. ABC　3. ACD　4. ABC　5. ABC

三～七、(略)

模拟试卷2

一、单项选择题(每题1分,共30分)

1.电子计算机与其他计算机工具的本质区别是________。

A.能进行算术运算　　B.能进行逻辑运算

C.计算精度高　　D.存储并自动执行程序

2."32位微型机"中"32"是指________。

A.微型机型号　　B.机器字长　　C.内存容量　　D.显示器规格

3.将十进制的整数化为N进制整数的方法是________。

A.乘以N取整数　　B.除以N取整数　　C.乘以N取余法　　D.除以N取余法

4.全角状态下,一个英文字符在屏幕上的宽度是________。

A.1个ASCII　　B.2个ASCII　　C.3个ASCII　　D.4个ASCII

5.完整的计算机硬件系统是由输入/输出设备、存储器和________组成。

A.键盘和打印机　　B.系统软件　　C.各种应用软件　　D.CPU

6.计算机是通过________来访问存储单元的。

A.文件　　B.操作系统　　C.硬盘　　D.地址

7.使用计算机对文件进行操作时,如果发现计算机频繁地读写硬盘,最可能的原因是________。

A.中央处理器的速度太慢　　C.内存的容量太小

B.硬盘的容量太小　　D.软盘的容量太小

8.在微型计算机中,SVGA的含义是________。

A.微型机型号　　B.键盘的型号　　C.显示标准　　D.显示器的型号

9.微型计算机系统通过系统总线把CPU、存储器和外设连接起来。总线通常由________组成。

A.数据总线、地址总线和控制总线　　B.数据总线、信息总线和传输总线

C.地址总线、运算总线和逻辑总线　　D.连接总线、传输总线和通信总线

10.全角英文字符与半角英文字符在输出时________不同。

A.字号　　B.字体　　C.宽度　　D.高度

11.应用软件属于计算机系统层次关系中的________。

A.核心层　　B.最外层　　C.中间层　　D.不一定

12.退出Windows 7时,直接关闭微机电源可能产生的后果是________。

A.可能破坏系统设置　　B.可能破坏某些程序的数据

C.可能造成下次启动时故障　　D.以上情况都有可能

13.在Windows 7中,用来与用户进行信息交换的是________。

A.菜单　　B.工具栏　　C.对话框　　D.应用程序

14. 在 Windows 7 中,文件夹中一般包含________。
A. 文件　B. 子目录　C. 文件和子文件夹　D. 子文件夹
15. 在 Windows 7 中,其自带的只能处理纯文字的文字编辑工具是________。
A. 写字板　B. 剪贴板　C. Word　D. 记事本
16. 在 Windows 7 的各个版本中,支持的功能最多的是________。
A. 家庭普通版　B. 家庭高级版　C. 专业版　D. 旗舰版
17. 在 Word 2010 中,查找________。
A. 只能无格式查找　B. 只能有格式查找
C. 可以查找某些特殊的非打印字符　D. 不能夹带通配符
18. 在 Word 2010 的“段落”对话框中,不能设定文本的________。
A. 缩进　B. 段落间距　C. 字体　D. 行间距
19. 在 Word 2010 中,图像可以以多种环绕形式与文本混排,但________不是它提供的环绕形式。
A. 四周型　B. 穿越型　C. 上下型　D. 左右型
20. 在 Word 2010 中,可以通过________功能区对所选内容添加批注。
A. 插入　B. 页面布局　C. 引用　D. 审阅
21. 在 Word 2010 中,给每位家长发送一份《期末成绩通知单》,用________命令最简便。
A. 复制　B. 信封　C. 标签　D. 邮件合并
22. 在 Excel 2010 单元格中,输入________可以使该单元格显示为 0.3。
A. 6/20　B. “6/20”　C. =6/20　D. =“6/20”
23. 在 Excel 2010 单元格中,输入“DATE” & “TIME”的结果是________。
A. DATETIME　B. DATE_TIME
C. 初始日期与初始时间　D. 系统日期与系统时间
24. 在 PowerPoint 2010 中,可以从中改变幻灯片顺序的视图是________。
A. 幻灯片　B. 幻灯片浏览　C. 幻灯片放映　D. 备注页
25. 在 PowerPoint 2010 中,要对幻灯片母版进行设计和修改时,应在________选项卡中操作。
A. 设计　B. 审阅　C. 插入　D. 视图
26. 在局域网中,应用的网络拓扑结构有________。
A. 总线型　B. 环型　C. 星型　D. 以上都是
27. 下列设备中,________是网络互联设备。
A. 路由器　B. 声卡　C. 电话　D. 显卡
28. 当一封电子邮件发出后,收件人由于种种原因一直没有开机接收邮件,那么该邮件将________。
A. 退回　B. 重新发送
C. 丢失　D. 保存到 ISP 的 E-mail 服务器上
29. 多媒体应用技术中,VOD 指的是________。
A. 图像格式　B. 语音格式　C. 总线标准　D. 视频点播
30. 计算机病毒不是通过________传染的。
A. 局部网络　B. 远程网络
C. 生病的计算机操作员　D. 使用了从不正当途径复制的软盘

二、多项选择题(每题 2 分,共 10 分)

1. 在 Excel 2010 中,修改单元格数据通常用的方法有________。

A. 在编辑栏修改　　B. 常用工具栏按钮　　C. 复制和粘贴　　D. 在单元格修改

2. 微型计算机连接打印机所用的接口类型通常有________。

A. USB 口　　B. 并行接口上　　C. 总线接口上　　D. 显示器接口上

3. 程序设计过程中必不可少的步骤是________。

A. 编辑源程序　　B. 程序排版　　C. 编译或解释　　D. 资料归档

4. 在 Excel 2010 中,工作簿视图方式有________。

A. 普通　　B. 页面布局　　C. 分页预览　　D. 自定义视图

5. 为了保证计算机供电系统的可靠性,常采用的方式有________。

A. 配置好的机箱电源　　C. 尽量使用直流电源

B. 安装 UPS　　D. 安装稳压电源

三、打字题(共 10 分,用时 15 分钟)

报表总是与一定的数据源相联系的,所以在设计报表时,确定报表的数据源是首先要完成的任务。如果一个报表使用的是相同的数据源,那么就可以把该数据源添加到报表的数据环境中。当数据源中的数据修改后,使用同一报表文件打印的报表将反映新的数据内容,但是报表的格式不变。可以在数据环境中制定报表数据源,如果要控制报表的数据源,可以定义一个与报表一样存储的数据环境。"数据环境设计器"窗口中的数据源将在每一次运行报表时被打开。使用报表向导和创建快速报表的方法建立的报表文件,已经指定了数据源。使用报表设计器首先创建一个空报表,然后再设计。

四、Windows 操作题(5 小题,共 8 分)

已知考生文件夹下有如下文件夹与文件:

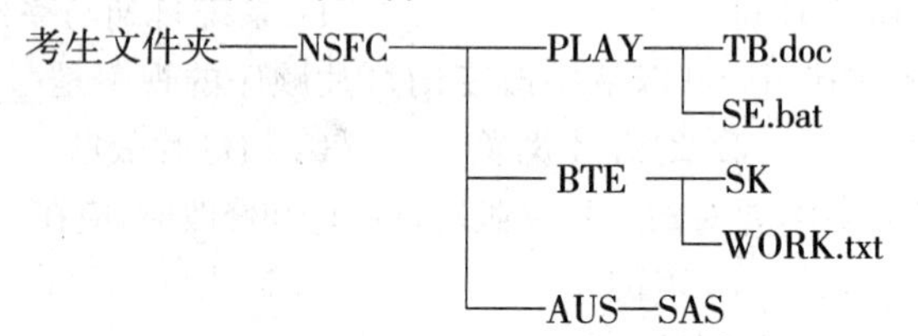

请进行以下操作:

1. 在文件夹 PLAY 中建立文件 CHINA. txt,内容为"奔月计划"。
2. 将文件 TB. doc 拷贝到子文件夹 SK 中。
3. 将文件 SE. bat 改名为 UCDOS. bat。
4. 在文件夹 BTE 中建立子文件夹 HASU。
5. 将子文件夹 AUS 下级子文件夹 SAS 删掉。

五、Word 操作题(7 小题,共 18 分)

1. 给文章加标题"中国新能源汽车产销报告",并将标题设置为华文新魏、二号字、红色、居中对齐,标题段填充浅绿色底纹。

2. 给正文中小标题文字加 1.5 磅红色方框、填充黄色底纹,正文其余段落设置为首行缩进 2 字符(小标题段除外)。

3. 在正文适当位置以四周型环绕方式插入图片 pic3. jpg,并设置图片高度、宽度缩放比例均为 110%。

4. 给正文倒数第二段中的文字“比亚迪 F3DM”加超链接，链接到图片文件 pic3. jpg。

5. 将正文最后一段分为等宽的两栏，栏间加分隔线。

6. 设置页眉为“新能源汽车”，页脚为自动图文集“第 X 页共 Y 页”，均居中显示。

7. 在正文适当位置插入自选图形“椭圆形标注”，添加文字“自主品牌竞争激烈”，字号为三号字，设置自选图形格式为：浅黄色填充色、紧密型环绕方式、右对齐。

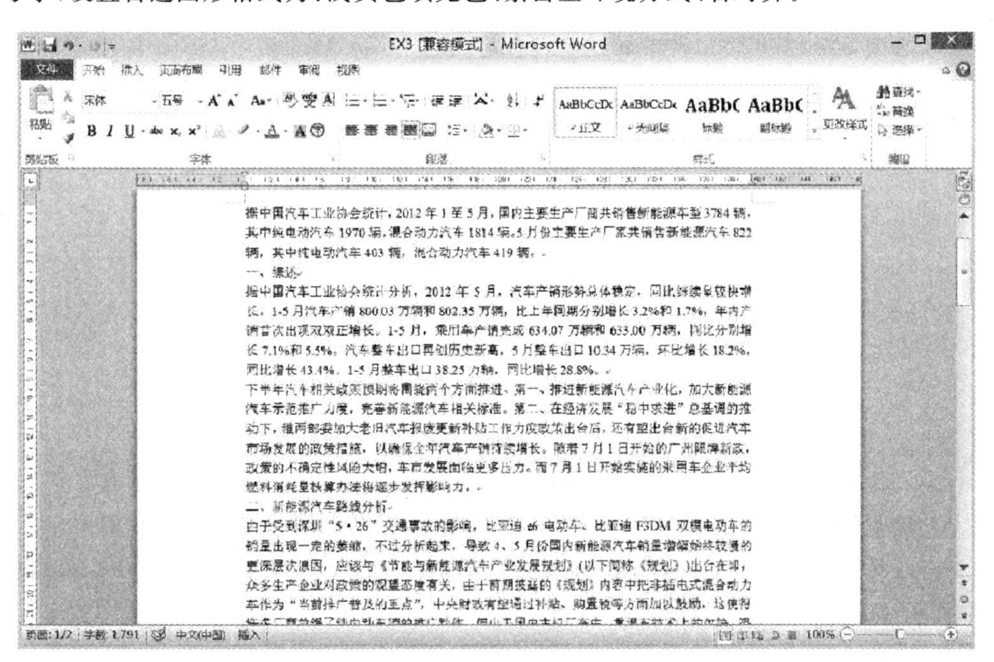
据中国汽车工业协会统计，2012 年 1 至 5 月，国内主要生产厂商共销售新能源车型 3784 辆，其中纯电动汽车 1970 辆，混合动力汽车 1814 辆。5 月份主要生产厂家共销售新能源汽车 822 辆，其中纯电动汽车 403 辆，混合动力汽车 419 辆。

一、综述

据中国汽车工业协会统计分析，2012 年 5 月，汽车产销形势总体稳定，同比继续呈较快增长。1-5 月汽车产销 800.03 万辆和 802.35 万辆，比上年同期分别增长 3.2%和 1.7%，年内产销首次出现双双正增长。1-5 月，乘用车产销完成 634.07 万辆和 633.00 万辆，同比分别增长 7.1%和 5.5%。汽车整车出口再创历史新高，5 月整车出口 10.34 万辆，环比增长 18.2%，同比增长 43.4%。1-5 月整车出口 38.25 万辆，同比增长 28.8%。

下半年汽车相关政策预期将围绕两个方面推进。第一、推进新能源汽车产业化，加大新能源汽车示范推广力度，完善新能源汽车相关标准。第二、在经济发展“稳中求进”总基调的推动下，继两部委加大老旧汽车报废更新补贴工作力度政策出台后，还有望出台新的促进汽车市场发展的政策措施，以确保全年汽车产销持续增长。随着 7 月 1 日开始的广州限牌新政，政策的不确定性风险大增，车市发展面临更多压力。而 7 月 1 日开始实施的乘用车企业平均燃料消耗量核算办法将逐步发挥影响力。

二、新能源汽车路线分析

由于受到深圳“5・26”交通事故的影响，比亚迪 e6 电动车、比亚迪 F3DM 双模电动车的销量出现一定的萎缩，不过分析起来，导致 4、5 月份国内新能源汽车销量增幅始终较慢的更深层次原因，应该与《节能与新能源汽车产业发展规划》(以下简称《规划》)出台在即，众多生产企业对政策的观望态度有关。由于前期披露的《规划》内容中把非插电式混合动力车作为“当前推广普及的重点”，中央财政有望通过补贴、购置税等方面加以鼓励，这使得

六、Excel 操作题(5 小题，共 14 分)

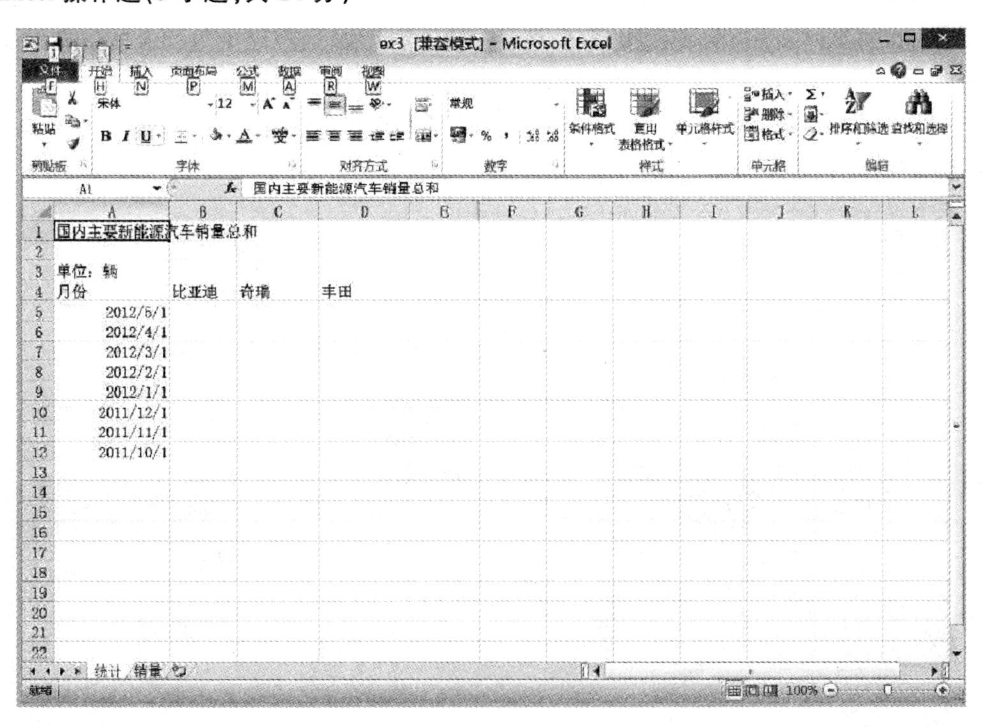

	A	B	C	D
1	国内主要新能源汽车销量总和			
2				
3	单位：辆			
4	月份	比亚迪	奇瑞	丰田
5	2012/5/1			
6	2012/4/1			
7	2012/3/1			
8	2012/2/1			
9	2012/1/1			
10	2011/12/1			
11	2011/11/1			
12	2011/10/1			

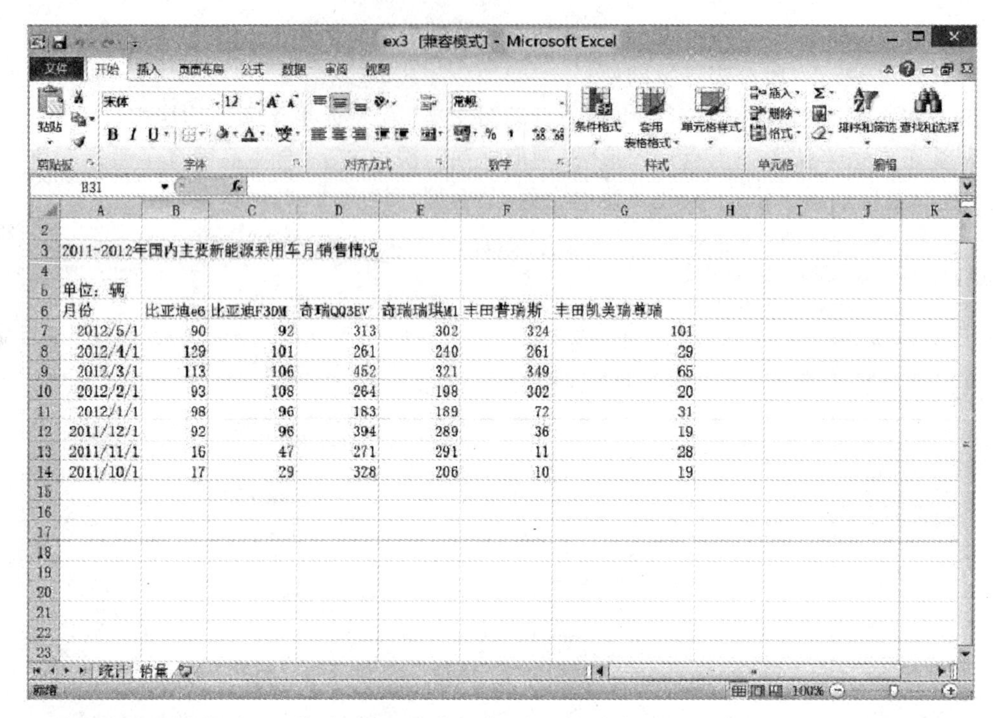

2011-2012年国内主要新能源乘用车月销售情况

单位：辆

月份	比亚迪e6	比亚迪F3DM	奇瑞QQ3EV	奇瑞瑞琪M1	丰田普瑞斯	丰田凯美瑞尊瑞
2012/5/1	90	92	313	302	324	101
2012/4/1	129	101	261	240	261	29
2012/3/1	113	106	452	321	349	65
2012/2/1	93	108	264	198	302	20
2012/1/1	98	96	183	189	72	31
2011/12/1	92	96	394	289	36	19
2011/11/1	16	47	271	291	11	28
2011/10/1	17	29	328	206	10	19

1. 将“销量”和“统计”工作表中的所有日期设置为形如“2001 年 3 月”的格式。

2. 在“统计”工作表中，引用“销量”工作表数据，分别计算 3 个汽车厂家各月的销量总和（提示：销量总和等于同一品牌各类汽车销量之和）。

3. 在“统计”工作表中，设置表格区域 A4:D12 内框线为黑色最细单线，外框线为蓝色双线。

4. 根据“统计”工作表中的数据，生成一张反映 2012 年 5 月各品牌汽车销量的“三维饼图”，嵌入当前工作表，图表标题为“2012 年 5 月主要新能源汽车销量”，数值标志显示值，图例靠左。

5. 将生成的图表以“增强型图元文件”形式选择性粘贴到 Word 文档的末尾。

七、PPT 操作题（2 小题，共 10 分）

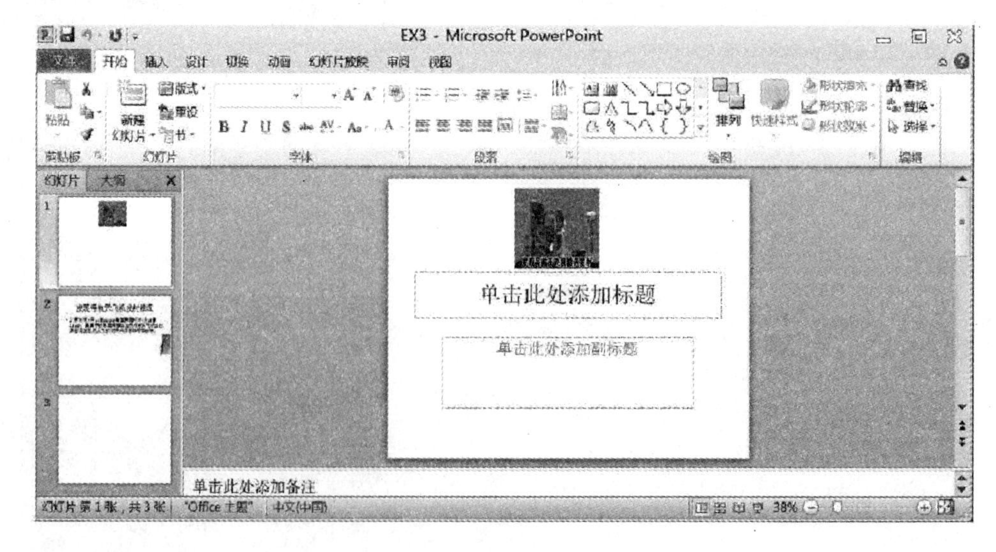

1. 对第一张幻灯片，主标题文字输入“发现号航天飞机发射推迟”，其字体为“黑体”，字号为53磅，加粗，红色(请用自定义标签的红色250、绿色0、蓝色0)。副标题输入“燃料传感器存在故障”，其字体为“楷体”，字号为33磅。第二张幻灯片的文本动画设置为“进入—百叶窗、水平”。第一张幻灯片背景填充设置为“水滴”纹理。

2. 使用“跋涉”主题修饰全文。放映方式为“演讲者放映(全屏幕)”。

【模拟试卷2参考答案】

一、单项选择题

1. D	2. B	3. D	4. B	5. D	6. D	7. C	8. C	9. A	10. C
11. B	12. D	13. C	14. C	15. D	16. D	17. C	18. C	19. D	20. C
21. D	22. C	23. A	24. B	25. D	26. D	27. A	28. D	29. D	30. C

二、多项选择题

1. AD　2. AB　3. AC　4. ABCD　5. ABD

三～七、(略)

模拟试卷3

一、单项选择题(每题1分,共30分)

1. 计算机最主要的工作特点是________。
   A. 程序存储与程序执行　　B. 自动控制与手动控制
   C. 可靠性与经济性　　D. 具有永久记忆能力
2. 在微型计算机性能的衡量指标中,________用以衡量计算机的稳定性。
   A. 可用性　　B. 兼容性
   C. 平均无障碍工作时间　　D. 性能价格比
3. 将二进制数 10000001 转换为十进制数应该是________。
   A. 127　　B. 129　　C. 126　　D. 128
4. 在微机中可供随机访问的内存容量通常是指________。
   A. RAM 的容量　　B. ROM 的容量
   C. ROM 和 RAM 的容量之和　　D. CD-ROM 的容量
5. 微型机中,硬盘分区的目的是________。
   A. 将一个物理硬盘分为几个逻辑硬盘　　B. 将一个物理硬盘分为几个物理硬盘
   C. 将 DOS 系统分为几个部分　　D. 将一个逻辑硬盘分成几个逻辑硬盘
6. 微机术语中,英文 CRT 指的是________。
   A. 阴极射线管显示器　　B. 液晶显示器
   C. 等离子显示器　　D. 以上说法都不对
7. 计算机硬件系统的五大部件一般通过________进行连接。
   A. Hub　　B. 交换机　　C. 中继器　　D. 系统总线
8. 微机中指令代码的形式通常为________。
   A. 高级语言　　B. 汇编语言　　C. 二进制　　D. 十进制
9. 操作系统对文件管理的主要作用是________。
   A. 实现对文件的按地址存取　　B. 实现对文件的按属性存取
   C. 实现对文件的高速输入输出　　D. 实现对文件的按名存取
10. 目前使用最多的是________数据库。
    A. 网络型　　B. 关系型　　C. 层次型　　D. 混合型
11. 在 Windows 7 中,使用软键盘可以快速地输入各种特殊符号,而撤销弹出的软键盘的正确操作方法为________。
    A. 用鼠标左键单击软键盘上的 Esc 键
    B. 用鼠标右键单击软键盘上的 Esc 键
    C. 用鼠标右键单击中文输入法状态窗口中的“软键盘”按钮
    D. 用鼠标左键单击中文输入法状态窗口中的“软键盘”按钮

12. 在 Windows 7 操作系统中，显示桌面的快捷键是________。

A. Win+D　B. Win+P　C. Win+Tab　D. Alt+Tab

13. 在 Windows 7 中，利用“回收站”可以恢复________中被误删除的文件。

A. 软盘　B. 硬盘　C. 内存储器(U 盘)　D. 光盘

14. Windows 7 目前有________个版本。

A. 3　B. 4　C. 5　D. 6

15. 下面有关 Word 2010 表格功能的说法不正确的是________。

A. 可以通过表格工具将表格转换成文本　B. 表格的单元格中可以插入表格

C. 表格中可以插入图片　D. 不能设置表格的边框线

16. 对 Word 2010 文档进行数次编辑操作后，________不能恢复上一次操作。

A. 单击工具栏上的“撤销”按钮　B. 单击“编辑”菜单的“撤销”按钮

C. 单击“编辑”菜单中的“恢复”命令　D. 按组合键“Ctrl+Z”

17. 在 Word 2010 的“段落”对话框中不能设定文本的________。

A. 缩进　B. 段落间距　C. 字体　D. 行间距

18. 在 Word 2010 中，默认保存后的文档格式扩展名为________。

A. *.dos　B. *.docx　C. *.html　D. *.txt

19. 在 Excel 2010 中，下列关于日期形式数据的叙述，错误的是________。

A. 日期格式是数值型数据的一种显示格式

B. 不论一个数值以何种日期格式显示，值不变

C. 日期序数 5432 表示从 1990 年 1 月 1 日至该日期的天数

D. 日期值不能自动填充

20. 在 Excel 2010 中，现要向 A5 单元格输入分数形式“1/10”，正确输入方法为________。

A. 1/10　B. 10/1　C. 01/10　D. 0.1

21. 在 Excel 2010 中，已知单元格 G2 中有公式“=SUM(C2:F2)”，将该公式复制到单元格 G3 后，G3 中的内容为________。

A. =SUM(C2:F2)　B. =SUM(C2:F3)

C. SUM(C2:F2)　D. SUM(C3:F3)

22. 在 Excel 2010 中，工作表窗口冻结包括________。

A. 水平冻结　B. 垂直冻结

C. 水平、垂直同时冻结　D. 以上均可

23. 在 PowerPoint 2010 的“幻灯片切换”任务窗口中，允许的设置是________。

A. 设置幻灯片切换时的视觉效果和听觉效果

B. 只能设置幻灯片切换时的听觉效果

C. 只能设置幻灯片切换时的视觉效果

D. 只能设置幻灯片切换时的定时效果

24. 以太网的英文名称是________。

A. Ethernet　B. Ether　C. D-link　D. Network

25. Modem 的中文名称是________。

A. 计算机网络　B. 鼠标器　C. 电话　D. 调制调解器

26. 目前 IP 地址一般分为 A、B、C 三类，其中 C 类地址的主机号占________二进制。

A. 16 个　　B. 8 个　　C. 4 个　　D. 24 个

27. 应用代理服务器访问因特网一般是________。

A. 多个计算机利用仅有的一个 IP 地址访问因特网

B. 通过局域网上网

C. 通过拨号方式上网

D. 以上说法都不对

28. 当我们收发电子邮件时，由于________原因，可能会导致邮件无法发送。

A. 接收方计算机关闭　　B. 邮件正文是 Word 文档

C. 发送方的邮件服务器关闭　　D. 接收方计算机与邮件服务器不在一个子网

29. 计算机中音频卡的主要功能是________。

A. 自动录音　　B. 音频信号的输入输出接口

C. 播放 VCD　　D. 放映电视

30. 下面关于信息安全的一些叙述中，不完全正确的叙述是________。

A. 网络环境下信息系统的安全比独立的计算机系统要困难和复杂得多

B. 国家有关部门应确定计算机安全的方针、政策，制定和颁布计算机安全的法律

C. 只要解决用户身份验证、访问机制、加密、防止病毒等一系列有关的技术问题就能确保信息系统的安全

D. 软件安全的核心是操作系统的安全性，它涉及信息在存储和处理状态下的保障

二、多项选择题(每题 2 分，共 10 分)

1. 在下列关于 Excel 2010 运算符的叙述中，正确的是________。

A. 算术运算符的操作数与运算结果均为数值类型数据

B. 算术运算符的优先级低于关系运算符

C. 关系运算符的优先级低于算术运算符

D. 关系运算符的运算结果是 TRUE 或 FALSE

2. 下列有关微机操作的说法正确的为________。

A. 开机时应先开主机，再开外部设备

B. 微机对开机、关机顺序无要求

C. 硬盘中的重要文件要备份

D. 每次开机与关机之间的间隔至少要 10 秒钟

3. 在 PowerPoint 2010 中，使所有幻灯片上均出现“图样”字样的方法有________。

A. 在幻灯片中逐张输入该文字

B. 在首张幻灯片输入该文字后，按 Shift 键并在最后一张幻灯片上输入该文字

C. 在幻灯片母版上输入该文字

D. 在首张幻灯片输入该文字后，按 Ctrl 键并在最后一张幻灯片上输入该文字

4. “资源管理器”和“我的电脑”________。

A. 二者出自不同的厂商　　B. 前者能够做的事后者也能做到

C. 都是管理文件的工具　　D. 专业人士宜使用后者而初学者使用前者

5. 计算机局域网的主要特点有________。

A. 覆盖的范围较小　　B. 传输率较高

C. 可靠性较高　　D. 远程控制较方便

三、打字题(共 10 分,用时 15 分钟)

多媒体技术是计算机具有综合处理声音、文字、图像和视频信息的能力,其丰富的声、文、图信息和方便的交互性与实时性,极大地改善了人机界面,改善了计算机的使用方式,为计算机进入人类生活的各个领域打开了大门。因而,尽快发展我国多媒体技术和多媒体产业具有重大意义。多媒体技术是我国信息化工程的接口技术,也是我国计算机产业的关键技术。多媒体技术是解决高清晰度电视、常规电视数字化、交互式电视、点播电视、多媒体电子邮件、远程教学、远程医疗、家庭办公、家庭购物、三电一体化等问题的最佳方法。

四、Windows 操作题(5 小题,共 8 分)

已知考生文件夹下有如下文件夹与文件:

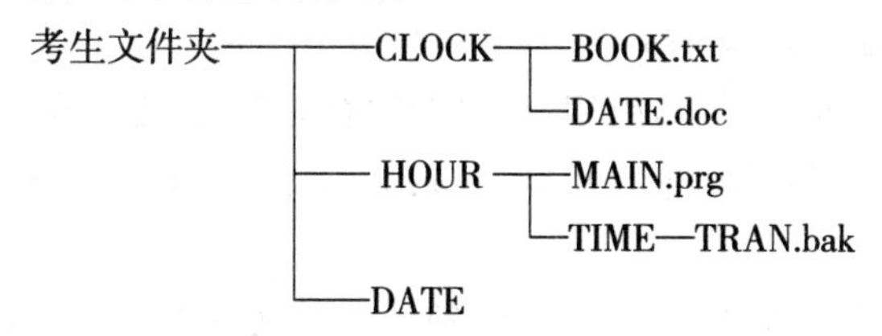

请进行以下操作:

1. 将其中的文件 MAIN. prg 改名 MAIN. bas。
2. 将其中的 DATE. doc 文件删除。
3. 将其中的 TIME 文件夹删除。
4. 在 DATE 文件夹下建立一个新文件夹 MINI。
5. 将其中的文件 BOOK. txt 复制到新文件夹 MINI 中。

五、Word 操作题(7 小题,共 18 分)

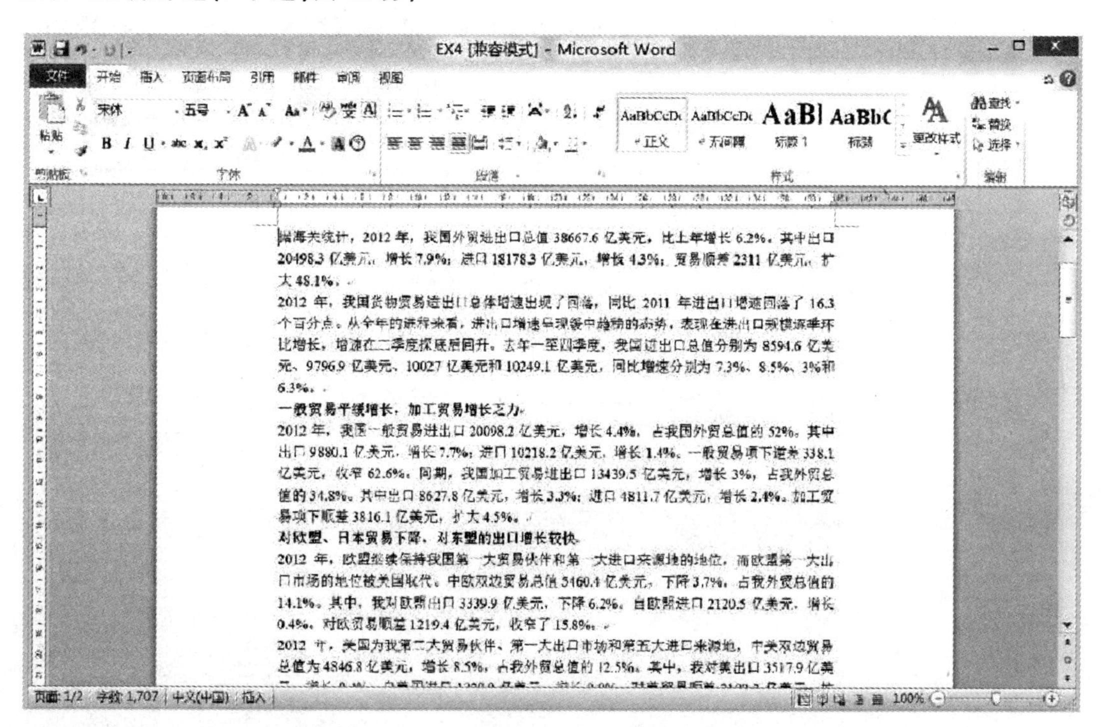

据海关统计,2012 年,我国外贸进出口总值 38667.6 亿美元,比上年增长 6.2%。其中出口 20498.3 亿美元,增长 7.9%;进口 18178.3 亿美元,增长 4.3%;贸易顺差 2311 亿美元,扩大 48.1%。

2012 年,我国货物贸易进出口总体增速出现了回落,同比 2011 年进出口增速回落了 16.3 个百分点。从全年的走势来看,进出口增速呈现缓中趋稳的态势,表现在进出口规模逐季环比增长,增速在二季度探底后回升。去年一至四季度,我国进出口总值分别为 8594.6 亿美元、9796.9 亿美元、10027 亿美元和 10249.1 亿美元,同比增速分别为 7.3%、8.5%、3%和 6.3%。

一般贸易平稳增长,加工贸易增长乏力

2012 年,我国一般贸易进出口 20098.2 亿美元,增长 4.4%,占我国外贸总值的 52%。其中出口 9880.1 亿美元,增长 7.7%;进口 10218.2 亿美元,增长 1.4%。一般贸易项下逆差 338.1 亿美元,收窄 62.6%。同期,我国加工贸易进出口 13439.5 亿美元,增长 3%,占我外贸总值的 34.8%。其中出口 8627.8 亿美元,增长 3.3%;进口 4811.7 亿美元,增长 2.4%。加工贸易项下顺差 3816.1 亿美元,扩大 4.5%。

对欧盟、日本贸易下降,对东盟的出口增长较快

2012 年,欧盟继续保持我国第一大贸易伙伴和第一大进口来源地的地位,而欧盟第一大出口市场的地位被美国取代。中欧双边贸易总值 5460.4 亿美元,下降 3.7%,占我外贸总值的 14.1%。其中,我对欧盟出口 3339.9 亿美元,下降 6.2%;自欧盟进口 2120.5 亿美元,增长 0.4%。对欧贸易顺差 1219.4 亿美元,收窄了 15.8%。

2012 年,美国为我第二大贸易伙伴、第一大出口市场和第五大进口来源地,中美双边贸易总值为 4846.8 亿美元,增长 8.5%,占我外贸总值的 12.5%。其中,我对美出口 3517.9 亿美元

1. 设置正文第一段首字下沉 2 行，首字字体为隶书、红色，其余各段首行缩进 2 字符。

2. 在正文适当位置插入竖排文本框“2012 进出口情况”，设置其字体格式为华文新魏、二号字、蓝色，环绕方式为四周型，填充色为浅绿色。

3. 将正文中所有的“进出口”设置为红色、加粗、文字效果为“赤水情深”。

4. 在正文适当位置插入图片 pic4.jpg，设置图片高度、宽度缩放比例均为 40%，环绕方式为四周型。

5. 给正文中加粗的小标题文字添加绿色实心圆项目符号。

6. 将正文最后一段分为等宽两栏，栏间加分隔线。

7. 设置页眉为“贸易情况”，页脚为自动图文集“第 X 页共 Y 页”，均居中显示。

六、Excel 操作题(5 小题，共 14 分)

1. 在工作表“进口”B、C 列中，引用“出口”及“合计”工作表数据，利用公式分别计算各地区 2011、2012 年外贸进口总额(进口总额一进出口总额一出口总额)，结果以带 2 位小数的数值格式显示。

2. 在工作表“进口”D 列中，利用公式分别计算各地区 2012 年外贸进口总额增长率(增长率=(当年进口总额一上年进口总额)/上年进口总额)，结果以带 2 位小数的百分比格式显示。

3. 在工作表“进口”中，按 2012 年进口总额降序排序。

4. 在工作表“进口”中，根据 2012 年进口总额前 5 名数据，生成一张“簇状柱形图”，嵌入当前工作表中，分类(X)轴标志为地区，图表标题为“2012 年进口总额前 5 名”，数值(Y)轴标题为“亿美元”，数据标志显示值，不显示图例。

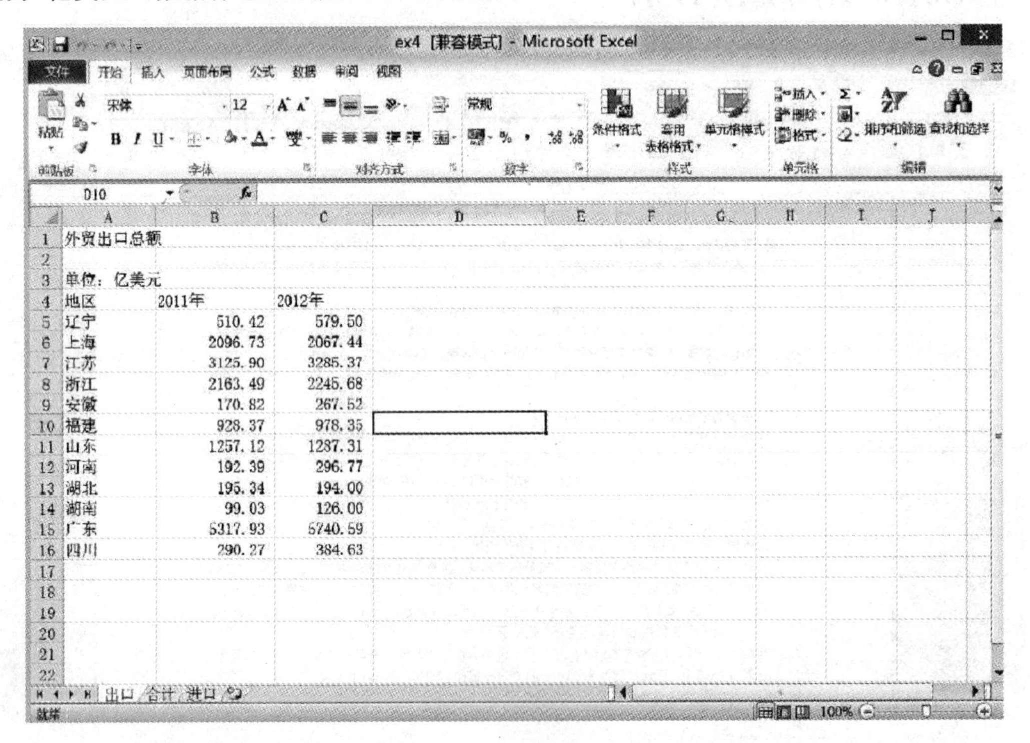

外贸出口总额		
单位：亿美元		
地区	2011年	2012年
辽宁	510.42	579.50
上海	2096.73	2067.44
江苏	3125.90	3285.37
浙江	2163.49	2245.68
安徽	170.82	267.52
福建	928.37	978.35
山东	1257.12	1287.31
河南	192.39	296.77
湖北	195.34	194.00
湖南	99.03	126.00
广东	5317.93	5740.59
四川	290.27	384.63

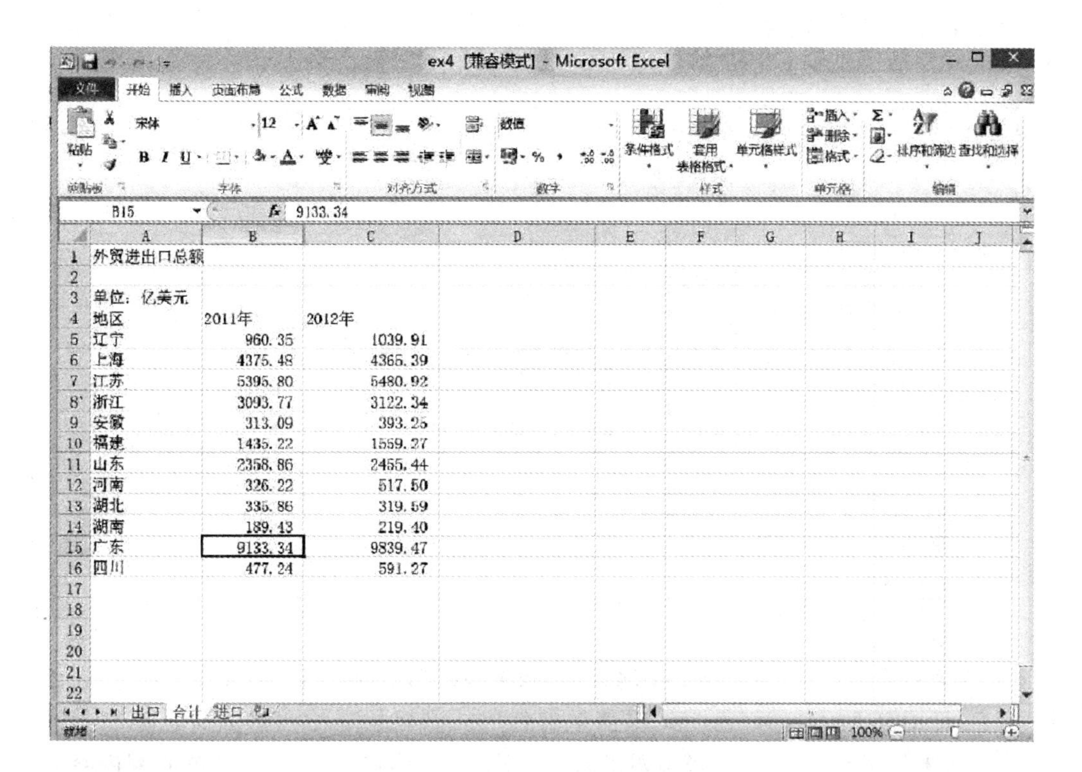

5. 将生成的图表以“增强型图元文件”形式选择性粘贴到 Word 文档的末尾。

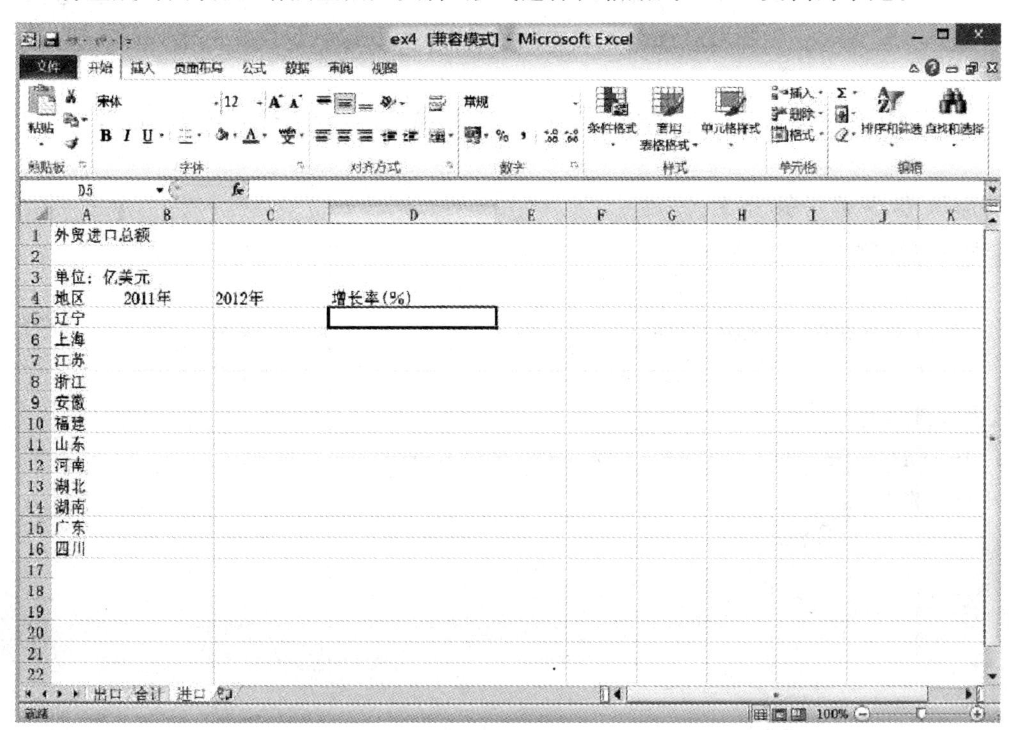

七、PPT 操作题(2 小题,共 10 分)

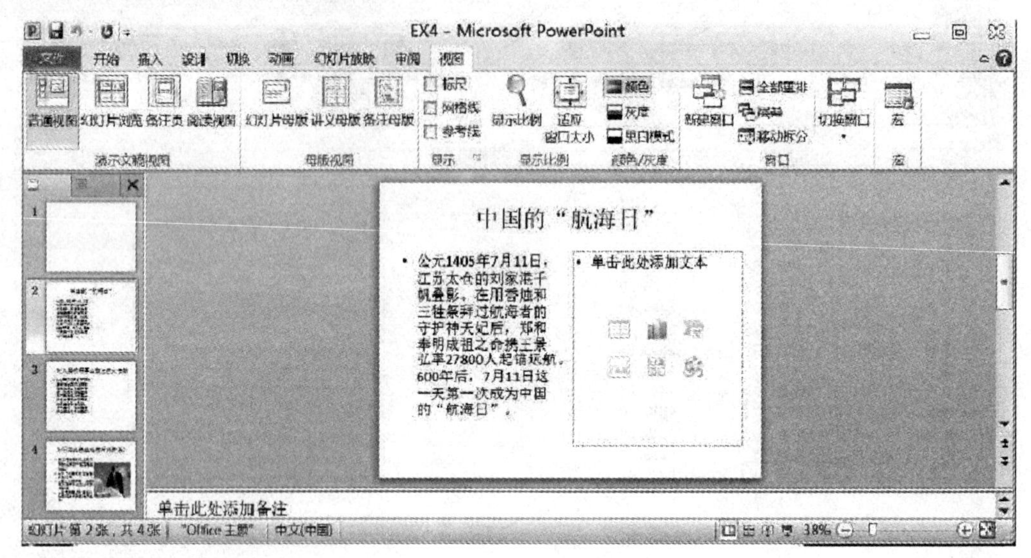

1. 对第一张幻灯片,主标题文字输入"郑和下西洋",其字体为"楷体",字号为 63 磅,加粗,红色(请用自动标签的红色 250、绿色 0、蓝色 0)。副标题输入"开辟人类大航海时代",其字体为"仿宋",字号为 30 磅。将第四张幻灯片的图片插到第二张幻灯片的右侧内容区域。将第三张幻灯片的右侧内容区域插入有关地图的剪贴画,且剪贴画动画设置为"进入—垂直、随机线条"。将第一张幻灯片的背景填充预设为"雨后初晴",类型为"线性"方向为"线性向下"。

2. 删除第四张幻灯片。全部幻灯片放映方式设置为"观众自行浏览(窗口)"。

【模拟试卷 3 参考答案】

一、单项选择题

1. A	2. C	3. B	4. A	5. A	6. A	7. D	8. C	9. D	10. B
11. D	12. A	13. B	14. C	15. D	16. C	17. C	18. B	19. C	20. C
21. B	22. D	23. A	24. A	25. D	26. B	27. B	28. C	29. B	30. C

二、多项选择题

1. ACD　2. CD　3. AC　4. CD　5. ABC

三～七、(略)

附　录

全国高等学校(安徽考区)计算机水平考试《计算机应用基础》教学(考试)大纲

一、课程基本情况

课程名称:计算机应用基础

课程代号:111

参考学时:64 学时(理论 32 学时,上机实验 32 学时)

考试安排:每年两次考试,一般安排在学期期末

考试方式:机试

考试时间:90 分钟

考试成绩:机试成绩

机试环境: Windows 7+Office 2010

设置目的:随着知识经济和信息社会的快速发展,计算机技术已成为核心的信息技术,掌握和使用计算机已成为人们日常工作和生活的基本技能。《计算机应用基础》作为高等院校计算机系列课程中的第一门必修公共基础课程,学习该课程的主要目的是使学生掌握计算机基础知识、基本操作及常用应用软件的使用,培养学生的信息素养和基本操作技能,具备利用计算机处理实际应用问题的能力,为后续课程的学习及日常应用奠定良好的基础。

二、课程内容与考核目标

第 1 章　计算机基础知识

(一)课程内容

信息技术的基本概念,计算机的基本概念,计算机系统基本结构及工作原理,计算机中的信息表示,计算机硬件与软件系统,计算机传统应用及现代应用。

(二)考核知识点

计算机的特点、分类和发展,计算机系统基本结构及工作原理,微型计算机系统的硬件组成及各部分的功能、性能指标,计算机信息编码、数制及其转换,计算机硬件系统,计算机系统软件、应用软件、程序设计语言与语言处理程序,计算机传统应用及现代应用,常用应用软件。

(三)考核目标

了解:信息技术的基本概念,计算机的特征、分类和发展,物联网及其应用,云计算、大数据和计算思维,计算机发展简史、特点及应用领域、性能指标,计算机应用知识(电子商务的

基本知识、电子政务的基本知识)，常用应用软件。

理解：计算机软件系统(系统软件、应用软件、程序设计语言、语言处理程序)。

掌握：字符的表示(ASCII 码及汉字编码)，计算机系统的硬件组成及各部分功能，微型计算机系统。

应用：计算机开、关机操作及中英文输入。

(四)实践环节

1.类型

验证。

2.目的与要求

掌握计算机的开、关机操作，熟悉计算机键盘按键功能、分布及操作指法，熟练应用键盘进行中、英文录入。

第 2 章　Windows 操作系统

(一)课程内容

操作系统的基本概念，Windows 的基本概念，Windows 的基本操作，文件管理，管理与控制 Windows，多媒体及多媒体计算机。

(二)考核知识点

操作系统的定义、功能、分类及常用操作系统，Windows 操作系统的特点与功能，Windows 的桌面、“开始”菜单、任务栏、窗口、对话框和控件、快捷方式，计算机、资源管理器的使用，鼠标的基本操作，文件及文件夹的概念及基本操作，文件属性设置及磁盘管理，剪贴板、回收站及其应用，Windows 环境设置和系统配置(用控制面板设置显示器、鼠标、添加硬件、添加或删除程序、网络设置等)，常用附件的使用，常用音频、图像、视频文件及有关处理技术。

(三)考核目标

了解：操作系统、文件、文件夹、多媒体等有关概念，Windows 操作系统的特点及启动、退出方法，附件的使用。

理解：“开始”菜单、剪贴板、窗口、对话框和控件、快捷方式的作用，回收站及其应用。

掌握：资源管理器的使用，文件、文件夹的操作，控制面板的使用。

应用：利用资源管理器完成系统的软、硬件管理，利用控制面板添加硬件、添加或删除程序、进行网络设置等。

(四)实践环节

1.类型

验证、设计。

2.目的与要求

掌握文件及文件夹的基本操作、显示属性的设置、磁盘清理等系统工具的使用方法，掌握使用资源管理器进行系统管理的方法，正确使用控制面板进行个性化工作环境设置。

第 3 章　文字处理软件 Word

(一)课程内容

Word 软件的概念，文字编辑，文字格式，段落格式，数学公式，文本框，图片格式，表格编辑,页面设置,文档输出。

(二)考核知识点

Word的启动和退出,窗体组成、窗体中的菜单及按钮工具的使用,视图的类型,文档的保存、打开,文档内容的编辑,文字的选择,剪贴板的使用,复制、粘贴、移动、查找、替换(内容、格式),超链接设置,文字格式设置、文字修饰效果、格式刷,底纹、边框修饰设置,段落的间距、格式设置,段落的对齐方式,标尺的使用,分栏和首字下沉,数学公式的使用,文本框的编辑与设置,图片的插入、删除与格式设置,表格编辑、格式设置,单元格格式设置,页面设置,文档的打印输出。

(三)考核目标

了解:页面设置、模板、分隔符,样式。

理解:Word窗体组成,视图及菜单、按钮的使用,文档打开、保存、关闭,数学公式,文本框,图片的插入、删除及格式设置。

掌握:文字的复制、粘贴、选择性粘贴、移动、查找、替换操作,页面设置,段落格式,分栏和首字下沉,文字格式设置、文字修饰效果、格式刷,底纹、边框修饰设置,图文表混排,表格编辑、格式设置、单元格格式设置,文档的打印输出。

应用:使用文字处理软件创建文档,完成对文档的排版等处理。

(四)实践环节

1.类型

验证、设计。

2.目的与要求

掌握文档创建和保存的方法,掌握文档内容编辑及格式的设置方法,掌握表格创建及格式设置方法,掌握超链接的设置方法。

第4章 电子表格处理软件Excel

(一)课程内容

数据库的基本概念,Excel的基本概念,工作簿、工作表的管理,工作表数据编辑,单元格的格式设置,公式与函数,单元格的引用,数据清单,图表,页面设置,超级链接与数据交换。

(二)考核知识点

数据表、数据库、数据库管理系统、关系数据库,Excel功能、特点,工作簿、工作表、单元格的概念,工作簿的打开、保存及关闭,工作表的管理,工作表的编辑(各种数据类型的输入、编辑和显示),公式和函数的使用,运算符的种类,单元格的引用,批注的使用,单元格、行、列调整,单元格、行、列的插入和删除,行、列的隐藏、恢复和锁定,设置工作表中数据的格式和对齐方式、标题设置,底纹和边框的设置,格式、样式的使用,建立Excel数据库的数据清单、数据编辑,数据的排序和筛选,分类汇总及透视图,图表的建立与编辑、设置图表格式,工作表中插入图片和艺术字,页面设置,插入分页符,打印预览,打印工作表,超级链接与数据交换。

(三)考核目标

了解:数据表、数据库、数据库管理系统、关系数据库等基本概念,Excel的功能、特点。

理解:工作簿、工作表、单元格的概念,单元格的相对引用、绝对引用概念。

掌握:工作表和单元格中数据的输入与编辑方法,公式和函数的使用,单元格的基本格式设置,Excel 数据库的建立、数据的排序和筛选、数据的分类汇总、图表的建立与编辑、图表的格式设置。

应用:使用表格处理软件实现办公事务中表格的电子化,通过 Excel 的数据管理功能实现单一表格的图形显示。

(四)实践环节

1.类型

验证、设计。

2.目的与要求

掌握工作表中数据、公式与函数的输入、编辑和修改,掌握工作表中数据的格式化设置,掌握数据库的有关操作,掌握图表的建立、编辑及格式化操作。

第 5 章　演示文稿

(一)课程内容

演示文稿的概念,演示文稿的基本操作,演示文稿视图的使用,幻灯片的基本操作,幻灯片的基本制作,演示文稿主题选用与幻灯片背景设置,演示文稿放映设计,演示文稿的打包和打印。

(二)考核知识点

PowerPoint 的功能、运行环境、启动和退出,演示文稿的基本操作,演示文稿视图的使用,幻灯片的版式、插入、移动、复制和删除等操作,幻灯片的文本、图片、艺术字、形状、表格、超链接、多媒体对象等插入及其格式化,演示文稿主题选用与幻灯片背景设置,幻灯片的动画设计、放映方式、切换效果的设置,演示文稿的打包和打印。

(三)考核目标

了解:演示文稿的概念,PowerPoint 的功能、运行环境。

理解:演示文稿视图,演示文稿主题、背景。

掌握:演示文稿的基本操作,幻灯片的基本操作,幻灯片的基本制作,演示文稿放映设计,演示文稿的打包和打印。

应用:使用演示文稿处理幻灯片,将幻灯片设计理念和图表设计技能应用到日常学习和生活中。

(四)实践环节

1.类型

验证、设计。

2.目的与要求

掌握创建演示文稿、编辑和修饰幻灯片的基本方法,掌握演示文稿动画的制作方法、幻灯片间切换效果的设置方法、超级链接的制作方法,掌握演示文稿的放映设置。

第 6 章　计算机网络

(一)课程内容

计算机网络的基本概念,计算机网络的硬件组成,计算机网络的拓扑结构,计算机网络的分类,Internet 的基本概念,Internet 的连接方式,Internet 的简单应用,常用网页制作工具介绍。

(二)考核知识点

计算机网络的发展、定义、功能,计算机网络的硬件构成,资源子网与通信子网,计算机网络的拓扑结构、分类,局域网的组成与应用,因特网的定义,TCP/IP 协议、超文本及传输协议,IP 地址,域名,接入方式,IE 的使用、阅读与使用新闻组,电子邮件、文件传输和搜索引擎的使用,网页的构成与常用制作网页工具的基础知识。

(三)考核目标

了解:计算机网络的基本概念与硬件组成,因特网的基本概念、起源与发展,常用网页制作工具。

理解:计算机网络的拓扑结构,计算机网络的分类以及局域网的组成与应用,网页的构成。

掌握:Internet 的连接方式,浏览器的简单应用,电子邮件的管理。

应用:掌握网络设备的安装与配置,学会应用 Internet 提供的服务解决日常问题。

(四)实践环节

1. 类型

验证、设计。

2. 目的与要求

掌握建立网络连接的方法,掌握 IE 浏览器的使用及设置方法,掌握电子邮件的收发方法。

第 7 章 信息安全

(一)课程内容

信息安全的概述,信息安全技术,计算机病毒与防治,职业道德及相关法规。

(二)考核知识点

信息安全的基本概念,信息安全隐患的种类,信息安全的措施,系统硬件和软件维护,Internet 的安全、黑客、防火墙,计算机病毒的概念、种类、危害、防治,计算机职业道德、行为规范和国家有关计算机安全法规。

(三)考核目标

了解:信息及信息安全的基本概念。

理解:信息安全隐患的种类,信息安全的措施,Internet 的安全,计算机职业道德、行为规范、国家有关计算机安全法规。

掌握:病毒的概念、种类、危害、防治。

应用:使用常用杀毒软件进行计算机病毒防治,使用计算机系统工具处理系统的信息安全问题。

(四)实践环节

1. 类型

验证、设计。

2. 目的与要求

掌握一种防病毒软件的下载、安装、设置、运行、升级方法及防火墙安装方法，掌握使用系统工具进行信息安全处理的方法。

三、题型及样题

题　型	题数	每题分值	总分值	题目说明
单项选择题	30	1	30	
多项选择题	5	2	10	
打字题	1	10	10	300 字左右，考试时间 15 分钟
Windows 操作题	1	8	8	
Word 操作题	1	18	18	
Excel 操作题	1	14	14	
PowerPoint 操作题	1	10	10	

机试样题

一、单项选择题(每题 1 分，共 30 分)

1. 现在我们经常听到关于 IT 行业的各种信息，那么这里所提到的“IT”指的是__________。
   A. 信息　　B. 信息技术　　C. 通信技术　　D. 感测技术
2. 邮局利用计算机对信件进行自动分拣的技术属于计算机应用中的__________。
   A. 机器翻译　　B. 自然语言理解　　C. 过程控制　　D. 模式识别
3. 下列关于物联网的描述中，错误的是__________。
   A. 物联网不是互联网概念、技术与应用的简单扩展
   B. 物联网与互联网在基础设施上没有重合
   C. 物联网的主要特征有全面感知、可靠传输、智能处理
   D. 物联网的计算模式可以提高人类的生产力、效率、效益
4. 计算机之所以能实现自动工作，是由于计算机采用了__________原理。
   A. 布尔逻辑　　B. 程序存储与程序执行
   C. 数字电路　　D. 集成电路
5. 以下数值中，可能是二进制数表达形式的是__________。
   A. 1011　　B. 128　　C. 74　　D. 12A
6. 使用搜狗输入法进行汉字“安徽”的录入时，我们在键盘上按下的按键“anhui”属于汉字的__________。
   A. 输入码　　B. 机内码　　C. 国标码　　D. ASCII 码
7. 计算机硬件系统由__________组成。
   A. 主机和系统软件　　B. 硬件系统和软件系统
   C. CPU、存储器和 I/O　　D. 微处理器和软件系统

8. 在微机的性能指标中,内存条的容量通常是指__________。

A. RAM 的容量　　B. ROM 的容量

C. RAM 和 ROM 的容量之和　　D. CD-ROM 的容量

9. 以下关于 CD-ROM 同硬盘的比较,描述正确的是__________。

A. CD-ROM 同硬盘一样可以作为计算机的启动系统盘

B. 硬盘的容量一般都比 CD-ROM 容量小

C. 硬盘同 CD-ROM 都能被 CPU 正常地读写

D. 硬盘中保存的数据或者信息比 CD-ROM 稳定

10. 假设显示器目前的分辨率为 1024×768 像素,每个像素点用 24 位真彩色显示,其显示一幅图像所需容量是__________个字节。

A. 1024×768×24　　B. 1024×768×3

C. 1024×768×2　　D. 1024×768

11. 计算机里使用的集成显卡是指__________。

A. 显卡与网卡制造成一体　　B. 显卡与主板制造成一体

C. 显卡与 CPU 制造成一体　　D. 显卡与声卡制造成一体

12. 目前多媒体关键技术中不包括__________。

A. 数据压缩技术　　B. 神经元技术

C. 视频处理技术　　D. 虚拟技术

13. 计算机程序主要由算法和数据结构组成。计算机中对解决问题的有穷操作步骤的描述被称为__________,它直接影响程序的优劣。

A. 算法　　B. 数据结构

C. 数据　　D. 程序

14. 按照软件的分类,AutoCAD 软件应属于__________。

A. 系统软件　　B. 应用软件

C. 操作系统　　D. 数据库管理系统

15. 下面关于操作系统的叙述中,错误的是__________。

A. 操作系统是用户与计算机之间的接口

B. 操作系统直接作用于硬件上,并为其他应用软件提供支持

C. 操作系统可分为单用户、多用户等类型

D. 操作系统可直接编译高级语言源程序并执行

16. 按一般操作方法,下列关于 Windows 桌面图标的描述错误的是__________。

A. 所有桌面图标都可以重命名　　B. 所有桌面图标都可以重新排列

C. 所有桌面图标都可以删除　　D. 所有桌面图标样式都可更改

17. 在 Windows 中,将当前窗口作为图片复制到剪贴板时,应使用__________键。

A. Alt+Print Screen　　B. Alt+Tab

C. Print Screen　　D. Alt+Esc

18. 在 Word 的编辑文档中选取对象后,再按下 Delete(或 Del)键,则可以删除__________。

A. 插入点所在的行　　B. 插入点及其之前的所有内容

C. 所选对象　　D. 所选对象及其后的所有内容

19. 在下列 Excel 单元格地址描述中，属于单元格绝对引用的是________。

A. D4　　B. &D&4　　C. $D4　　D. D4

20. 在 Excel 工作表中，已知 C2、C3 单元格的值均为 0，在 C4 单元格中输入“C4＝C2＋C3”，则 C4 单元格显示的内容为________。

A. C4＝C2＋C3　　B. TRUE　　C. 1　　D. 0

21. 在 PowerPoint 中，如果希望在演示过程中终止幻灯片的放映，可按________键终止。

A. Delete　　B. Ctrl＋E　　C. Shift＋E　　D. Esc

22. 计算机网络中的服务器指的是________。

A. 32 位总线的高档微机

B. 具有通信功能的 PII 微机或奔腾微机

C. 为网络提供资源，并对这些资源进行管理的计算机

D. 具有大容量硬盘的计算机

23. 以下选项中，属于局域网的是________。

A. 因特网　　B. 校园网　　C. 上海热线　　D. 中国教育网

24. 以下选项中，不是合法的 IP 地址是________。

A. 122.19.250.46　　B. 19.2.111.1

C. 210.45.256.11　　D. 255.255.255.0

25. 用户在浏览网页时，有些是以醒目方式显示的单词、短语或图形，可以通过单击它们跳转到目的网页，这种文本组织方式叫作________。

A. 超文本方式　　B. 超链接　　C. 文本传输　　D. HTML

26. 当一封电子邮件发出后，收件人由于种种原因一直没有开机接收邮件，那么该邮件将________。

A. 退回　　B. 重新发送

C. 丢失　　D. 保存在 ISP 的 E-mail 服务器上

27. 用 HTML 标记语言编写一个简单的网页，网页最基本的结构是________。

A. <html><head>...</head><frame>...</frame></html>

B. <html><title>...</title><body>...</body></html>

C. <html><title>...</title><frame>...</frame></html>

D. <html><head>...</head><body>...</body></html>

28. 以下描述中，网络安全防范措施不恰当的是________。

A. 不随便打开未知的邮件

B. 计算机不连接网络

C. 及时升级杀毒软件的病毒库

D. 及时堵住操作系统的安全漏洞（打补丁）

29. 计算机在正常操作情况下，如果出现________现象，可以怀疑计算机已经感染了病毒。

A. 可执行文件长度明显增加　　B. 打印机不能走纸

C. 硬盘转动时发出响声　　D. 显示器变暗

30. 电子商务中，保护用户身份不被冒名顶替的技术是________。

A. 安装防火墙　　B. 数据备份　　C. 数字签名　　D. 入侵检测

二、多项选择题(每题 2 分,共 10 分)

1. 对于微型机系统的描述,正确的是__________。
   A. CPU 负责管理和协调计算机系统各个部件的工作
   B. 主频是衡量 CPU 处理数据快慢的重要指标
   C. CPU 可以存储大量的信息
   D. CPU 负责存储并执行用户的程序
2. 下列存储器中,CPU 能直接访问的有__________。
   A. 内存储器　B. 硬盘存储器　C. Cache(高速缓存)　D. 光盘
3. 在 Word 中,下列有关"首字下沉"命令的说法,正确的是__________。
   A. 可根据需要调整下沉行数　B. 最多可下沉三行
   C. 可悬挂下沉　D. 可根据需要调整下沉文字与正文的距离
4. 在 Excel 中,下列关于"分类汇总"的叙述,正确的是__________。
   A. 分类汇总前数据必须按关键字字段排序　B. 分类汇总的关键字只能是一个字段
   C. 汇总方式只能是求和　D. 分类汇总可以删除
5. 计算机网络中常用的有线传输介质有__________。
   A. 双绞线　B. 同轴电缆　C. 光纤　D. 红外线

三、打字题(共 10 分)

数据处理也称为非数值计算,是指对大量的数据进行加工处理(如统计分析、合并、分类等)。使用计算机和其他辅助方式,把人们在各种实践活动中产生的大量信息(文字、声音、图片、视频等)按照不同的要求,及时地收集、存储、整理、传输和应用。与科学计算不同,数据处理涉及的数据量大。数据处理是现代化管理的基础。它不仅应用于处理日常的事务,且能支持科学的管理与企事业计算机辅助管理与决策。以一个现代企业为例,从市场预测、经营决策、生产管理到财务管理,无不与数据处理有关。实际上,许多现代应用仍是数据处理的发展和延伸。

四、Windows 操作题(共 8 分)

注意事项:考生不得删除考生文件夹中与试题无关的文件或文件夹,否则将影响考生成绩。

1. 将考生文件夹下 MOVIE 文件夹中的文件 SNOW. BAT 删除;
2. 在考生文件夹下 JSR\HQXQ 文件夹中建立一个名为 MYDOC 的新文件夹;
3. 将考生文件夹下 FES\ZAP 文件夹中的文件 MAP. PAS 更名为 MAP. ASP,并将其复制到考生文件夹下 BOOM 文件夹中;
4. 将考生文件夹下 WEF 文件夹中的文件 MICRO. FOX 设置为隐藏和只读属性;
5. 将考生文件夹下 DEEN 文件夹中的文件 MONIE. IDX 移动到考生文件夹下 KUNN 文件夹中,并更名为 MOON. TXT,同时将其内容写为"2014 北京 APEC 峰会"。

五、Word 操作题(共 18 分)

1. 在第一段“美国航天局……”前面为文章添加标题“登陆火星”，设置文字为隶书二号字，字符缩放为 50%，居中对齐；

2. 设置正文第一段“美国航天局……”首行缩进 2 字符，段前距 1.5 行；

3. 为正文第三段“‘尘暴’就是含有……”设置段落边框，边框为实线线型、线宽 1 磅、蓝色。要求正文距离边框上下左右各 3 磅；

4. 设置文档的纸张为 16 开(18.4×26cm)；

5. 添加页眉“神秘的火星”，页眉右对齐；

6. 在文档的最后，添加一个 5 行 4 列的表格。

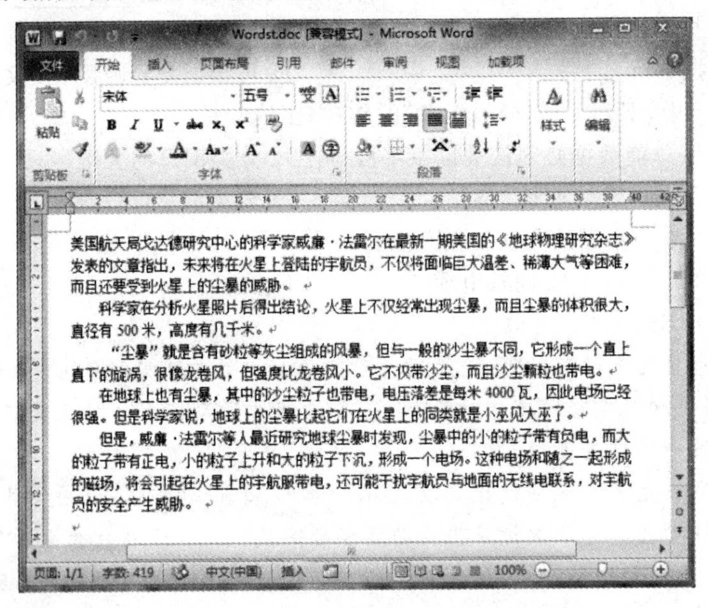

美国航天局戈达德研究中心的科学家威廉·法雷尔在最新一期美国的《地球物理研究杂志》发表的文章指出，未来将在火星上登陆的宇航员，不仅将面临巨大温差、稀薄大气等困难，而且还要受到火星上的尘暴的威胁。

科学家在分析火星照片后得出结论，火星上不仅经常出现尘暴，而且尘暴的体积很大，直径有 500 米，高度有几千米。

“尘暴”就是含有砂粒等灰尘组成的风暴，但与一般的沙尘暴不同，它形成一个直上直下的旋涡，很像龙卷风，但强度比龙卷风小。它不仅带沙尘，而且沙尘颗粒也带电。

在地球上也有尘暴，其中的沙尘粒子也带电，电压落差是每米 4000 瓦，因此电场已经很强。但是科学家说，地球上的尘暴比起它们在火星上的同类就是小巫见大巫了。

但是，威廉·法雷尔等人最近研究地球尘暴时发现，尘暴中的小的粒子带有负电，而大的粒子带有正电，小的粒子上升和大的粒子下沉，形成一个电场。这种电场和随之一起形成的磁场，将会引起在火星上的宇航服带电，还可能干扰宇航员与地面的无线电联系，对宇航员的安全产生威胁。

六、Excel 操作题(共 14 分)

请在 Excel 中对所给工作表完成以下操作：

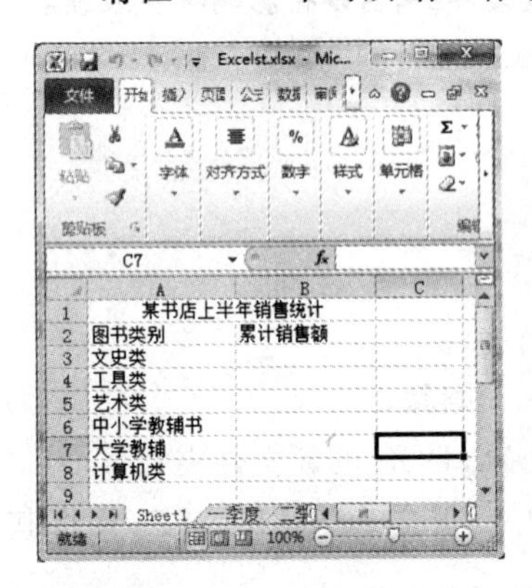

某书店上半年销售统计	
图书类别	累计销售额
文史类	
工具类	
艺术类	
中小学教辅书	
大学教辅	
计算机类	

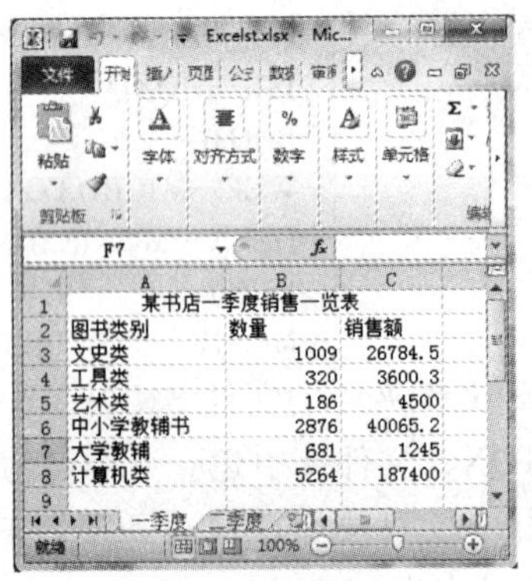

某书店一季度销售一览表		
图书类别	数量	销售额
文史类	1009	26784.5
工具类	320	3600.3
艺术类	186	4500
中小学教辅书	2876	40065.2
大学教辅	681	1245
计算机类	5264	187400

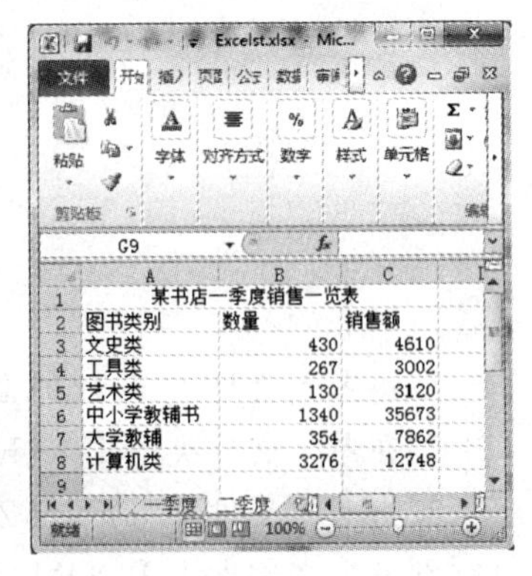

某书店二季度销售一览表		
图书类别	数量	销售额
文史类	430	4610
工具类	267	3002
艺术类	130	3120
中小学教辅书	1340	35673
大学教辅	354	7862
计算机类	3276	12748

1. 将工作表 Sheet1 改名为“上半年销售统计表”；

2. 在“上半年销售统计表”中计算累计销售额，累计销售额等于一、二季度销售额之和(用求和函数计算)；

3. 将累计销售额所在列数据格式设置为货币型(￥)，保留一位小数；

4. 为“上半年销售统计表”中 A2:B8 的数据清单添加“田”字形(红色单实线)边框，文字设置为水平居中对齐；

5. 设置“上半年销售统计表”的标题(A1:B1)单元格的字体为黑体，字号为 20 磅，累计销售额(B2)单元格内填充黄色底纹，填充图案为 12.5％灰色。

七、PowerPoint 操作题(共 10 分)

请使用 PowerPoint 完成以下操作：

1. 给第一张幻灯片添加文本“西部地区的能源优势”，并设置字体字号为：华文行楷、36 磅、蓝色(可以使用颜色对话框中自定义标签，设置 RGB 颜色模式：红色 0，绿色 0，蓝色 255)；

2. 为第二张幻灯片设置切换效果为“水平梳理”；

3. 去除第二张幻灯片中文本框格式中的“自选图形中的文字换行”；

4. 设置第一张幻灯片中的图表动画效果为“飞入”；

5. 在最后插入一张新幻灯片，并设置新幻灯片的版式为“空白”；

6. 在新幻灯片内输入文字“西部热土”，并为该文本框添加超级链接，链接到网址“www. baidu. com”。

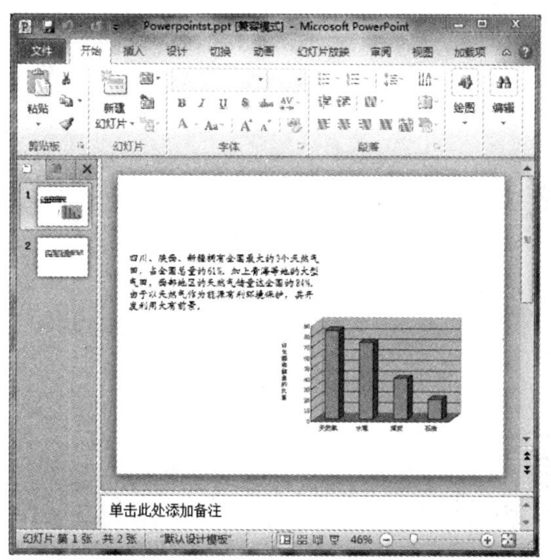

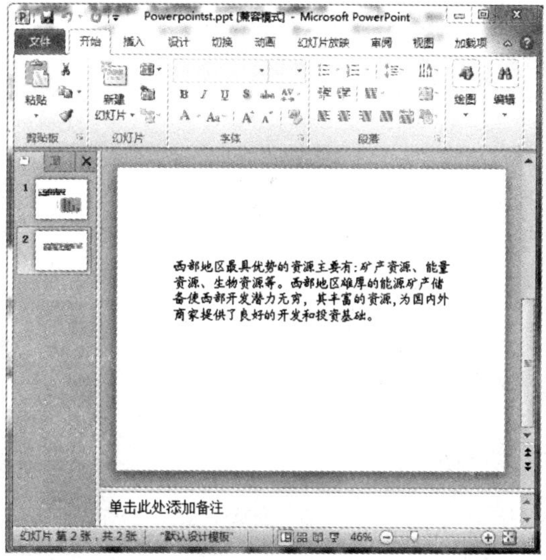